U0278099

# 历史就藏在玩具里

卢　溪／著
牟悠然／绘

中国少年儿童新闻出版总社
中国少年儿童出版社
北　京

**图书在版编目（CIP）数据**

历史就藏在玩具里 / 卢溪著 ; 牟悠然绘. -- 北京 : 中国少年儿童出版社, 2024.10
（原来历史就在身边）
ISBN 978-7-5148-8564-4

Ⅰ. ①历… Ⅱ. ①卢… ②牟… Ⅲ. ①玩具－历史－中国－儿童读物 Ⅳ. ①TS958-092

中国国家版本馆CIP数据核字（2024）第096339号

LISHI JIU CANG ZAI WANJU LI
（原来历史就在身边）

出版发行：中国少年儿童新闻出版总社 中国少年兒童出版社

策　　划：叶　敏　王仁芳
装帧设计：柒拾叁号
责任编辑：秦　静
责任校对：李　源
美术编辑：陈亚南
责任印务：刘　潋

社　　址：北京市朝阳区建国门外大街丙12号
邮政编码：100022
编 辑 部：010-57526671
总 编 室：010-57526070
发 行 部：010-57526568
官方网址：www.ccppg.cn

印刷：北京缤索印刷有限公司

开本：787mm×1092mm　1/16
印张：8
版次：2024年10月第1版
印次：2024年10月第1次印刷
字数：160千字
印数：1—8000册

ISBN 978-7-5148-8564-4
定价：32.00元

图书出版质量投诉电话：010-57526069　电子邮箱：cbzlts@ccppg.com.cn

不会吧？不会还有人跟我小时候似的，以为历史就是摆在书架上那些本大书吧？《二十四史》，一大柜子，那就是中国的历史？

事实上，历史可不光是“过去发生的人和事”那么简单。历史啊，它是一个全息系统。你看，历史就是过去人的生活，而咱们现在的生活，就是未来人眼中的历史！

生活都包括些啥？衣、食、住、行、玩，这就差不多是全部了吧。

可是，你看看古画中五花八门的汉服、博物馆里的器具、景点里的古迹……它们和现在咱们的衣、食、住、行、玩，差距很大呀！我们和历史有联系吗？

仔细观察，咱们的衣、食、住、行、玩与古人的，或多或少都有相似之处。就好像，你和爸爸妈妈、爷爷奶奶、外公外婆那可是完全不同的人，但是别人会说你的鼻子像爸爸，眼睛像妈妈，额头像奶奶，耳朵像外公……你跟祖辈父辈们又有千丝万缕的联系，不是吗？

一般来说，你的姓就跟爸爸或妈妈的一样，还有，你在户口本上填的“籍贯”“民族”，总是跟爸爸妈妈其中一位有关系，对吗？

对，这些联系、相似，甚至变化，那都是历史。

你可以把历史理解成一本密码本，表面上看，谁也看不懂。可是，只要给你一个编码规则，你就能把密码翻译出来。对历史的了解与掌握，就是一个“解码”的过程。

你可以假设一下，要是有一种力量，突然让你回到了古代，扔给你一套衣服，你知道怎么穿吗？你知道每个时代，餐桌上主要有什么食物吗？晚上去哪儿住？是自己造一间房子还是找家旅店？出门有什么交通工具可以选择？无聊的时候，能找到什么玩具？

更重要的是，你知道古代的这些衣、食、住、行、玩和现代的有什么不一样，是怎么变化发展的吗？要是给你开个倍速播放，把历史再过上一遍，你能找到事物的发展规律吗？掌握了现代信息的你，能避免古人走过的弯路吗？

所以你看，了解历史，可不只是知道一些枯燥的知识，它更是一种可以玩很久的迷人的解码游戏。从今推回古，从古推到今，越来越熟练的你，就像在一条历史长河里游泳，两边的景物与细节，越来越清晰，越看越好玩。

现在你看到的这几本书：《历史就穿在我身上》《历史就摆在餐桌上》《历史就住在房子里》《历史就跑在道路上》《历史就藏在玩具里》，就像一个大乐园的不同入口，从每一个入口进去，都能看到不一样的精彩！

当你走出这个乐园时，你就是掌握了历史解码能力的人哦，你的世界，变得好大好大，上下五千年，纵横八万里，任你闯荡，任你飞。到时，你就可以跟小伙伴们大声夸赞：“历史可真有趣呀！”

你还可以骄傲地告诉他们：“历史没那么遥不可及，历史就在你身边！”

杨早

北京大学文学博士，中国社会科学院文学所研究员
中国社会科学院大学教授，中国当代文学研究会副会长
阅读邻居读书会联合创始人

# 目录

从我们玩的玩具中，也能看到历史？

当然啦，玩具里藏着历史，历史中也有玩具，我们一起来玩转历史吧！

80
从晚清到民国
新旧交织，中外融合
78
历史放大镜
明宪宗元宵行乐图（局部）
92
现当代
科技发展，越玩越新潮
64
明清
市井喧嚣，越玩越热闹
62
历史放大镜
货郎图（局部）
102
节庆特辑
一年到头，玩具大不同
48
宋元
风雅文艺，越玩越有趣

# 了不起的玩具

历史不仅仅是帝王将相等大人物的故事和朝代更迭等大事件，更汇聚了普通人几千年甚至几万年日常生活的无数微小变化。想了解历史，反复背诵大事件的时间表是不够的，更有趣的是了解人们的生活细节如何随着时间推移而演变。这些生活细节里，除了衣食住行，还有一个非常容易被忽略的事情，那就是“玩”。

“玩”，看似是最随意、最简单的事情，每个人都会玩，每个人都需要玩。衣食住行这些满足人类基本需求的活动，对应了服饰、饮食、建筑和交通工具的变迁；而“玩”这个人人都会的活动，也对应了“玩具”这一领域的发展。在这本书里，我们来聊聊这个话题：玩具，到底有多了不起！

孩子们都喜欢玩，有些大人却觉得玩是浪费时间！
玩太重要了，不仅能帮助我们探索世界，还能促进身心健康发展，培养创造力和想象力……人类不仅需要玩耍，人类更需要玩具。

# 玩，真的很重要

在 2000 多年前，有这样一个孩子，他的父亲很早就去世了，他和母亲住在墓地附近。他常常看到人们在送葬的时候吹喇叭、哭哭啼啼，于是就跟小伙伴们玩起送葬的游戏，把两只手聚拢在嘴边假装吹喇叭，还学人家哭哭啼啼的样子，看起来疯疯癫癫很不得体。他的母亲觉得这样下去对孩子的影响不好，就想办法搬家了。

他们的新家在市场边上。孩子每天看着市场上的人们买卖东西、讨价还价，于是也拿了一些东西摆出来，和小伙伴们玩起做买卖的游戏。在那个年代，做生意的人社会地位比较低，他母亲觉得这样下去也不行，于是又想办法搬家了。

这一次，他们的家搬到了学校旁边。孩子经常看到学生们一大清早就在读书，走路时也拿着竹简背诵，于是也学着样子摇头晃脑地念诵他听来的

诗句，还想方设法借书来读。从此以后，这个孩子勤奋好学，长大后成了一个了不起的人，学识渊博，收了很多学生，写出了传世的著作，人们尊称他为“孟子”。

孟子的母亲不是不让孟子玩耍，而是想让孟子玩得更有意义。

孟子是儒家的代表人物，被称为“亚圣”，意思是仅次于圣人孔子。孔子小时候喜欢玩什么呢？据说孔子小时候最喜欢玩的玩具是各种礼器，最喜欢玩的游戏是模拟祭祀。他从这种游戏中学习了各种各样的礼仪。后来，他又进一步学习历史和其他门类的知识，进行思考与总结，终于成为了不起的思想家和教育家。

古人认为祭祀与军事是重要的国家大事。有从小把祭祀的礼器当作玩具的孩子长大后成了大思想家，也有从小把兵器当作玩具的孩子长大后成了大将军。

古人对于孩子“玩”的态度是很开明的，并且很早就明白要顺应孩子的天性，适当加以引导的道理。明朝杰出的思想家王守仁曾经提出：孩子天性喜欢嬉戏而害怕拘束、责罚，顺应天性，就像草木才开始萌芽时，让它舒畅生长，它的枝条就能粗壮；相反，摧残阻挠它，它就会衰弱枯萎。因此对待孩子要让他们内心愉悦，这样才有利于他们进步。古人懂得这个道理，因此专门为孩子设计、制作了很多玩具，让他们娱乐身心。可以说，自古以来，玩具都是很重要的东西。

# 玩具从来不是儿童专属

我还是很好奇，人类是从什么时候发现孩子需要玩具的呢？

不仅孩子，大人也需要玩具，玩具的历史应该跟人类的历史是同步的吧！

“玩”这个字在战国时期已经出现，从那时到现在，它的字形结构基本没有变化。古籍中对“玩”的解释有两种，一种是动词“弄”，一种是名词“玩弄之物”。“玩”的部首是“王”。以“王”为部首的字大多与珍贵的玉石珠宝有关，比如珍、琼、珊、瑚等。“玩”的本义是捧着玉器等玩弄。

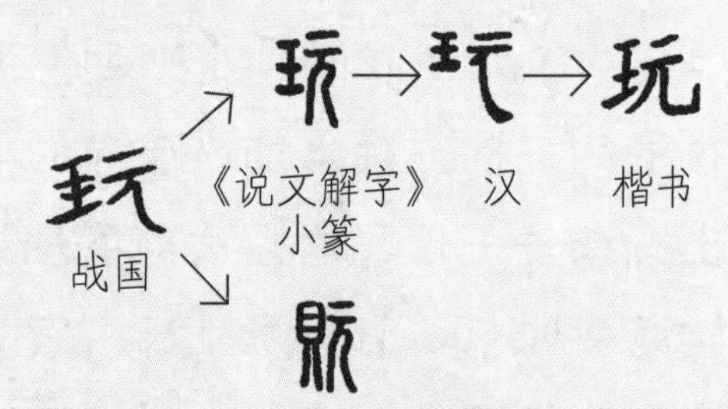


**“玩”字的演变**

从“玩”的本义可以看出，古人也玩文玩。这些供人欣赏、把玩的器物，其实不就是古人的玩具吗？这样看来，玩具并不是小孩子的专属。

在历史的进程中，玩具可以发展为艺术品，例如在原始社会，人们玩的是泥娃娃，到了明清时期已经发展为具有地方特色的艺术品。到了今天，天津的泥人张、无锡的大阿福、苏州的虎丘泥人，都是非物质文化遗产。原本用来逗孩子玩的木偶，经过岁月的累积，发展成了一种戏剧形式，还衍生出了皮影等具有特色的艺术形式。

**古画中的傀儡**

提线木偶至今仍是深受人们喜爱的艺术表演形式。

艺术品或具有实用功能的物品也可以发展为玩具。风筝在最初的时候据说是有军事功能的，后来变成了大人、孩子在春日里放飞的玩具；灯笼是古代重要的照明设施，稍加变形的花灯，从古至今都是孩子们爱不释手的节庆玩具；最初人们戴上面具，往往是因为要参与宗教仪式，后来面具也成了儿童玩具。这样的例子不胜枚举。

# 玩具中藏着历史的秘密

玩具是了不起的，不仅因为它能给大人、孩子带来欢乐，更重要的是，玩具当中藏着历史的秘密。

## 从玩具中，看得到生产技术的发展

就拿历史最悠久的玩具之一——玩偶来说吧，在遥远的史前时期，玩偶是泥偶、泥塑；到了商周时期，我国的青铜铸造业高度发达，就出现了青铜玩偶；到了汉朝，精美的陶制玩偶展现了当时手工业的高超水平，陶制的船模生动形象地向我们展示了造船技术的新发展；而到了唐宋时期，又出现了色彩纷呈的瓷玩偶……一代又一代的玩偶向我们清晰地描绘出生产技术发展的时间线。

早期的爆竹就是名副其实的“会爆炸的竹子”，到了宋朝，就变成了火药填充的炮仗或烟花。这是因为我国古代科技四大发明之一的火药在宋朝已经被广泛应用了。

最初人们燃放爆竹，是把真的竹子放在火上，让其受热发出爆响声。

后来有了火药，才有了我们现在所说的爆竹。

## 从玩具中，看得到民风民俗的变迁

我们常常说的传统节日和节令习俗是从什么时候开始的？立春人们为什么要打春牛？在哪个朝代，七夕节特别流行一种叫磨喝乐的玩具？中秋节的兔儿爷又是什么时代开始盛行的？了解玩具背后的历史，我们能够看到民风民俗的产生和变迁。

## 从玩具中，看得到人们生活方式的变化

宋朝出现了七巧板的前身——燕几图。宋朝宴饮文化盛行，人们又非常讲究陈设的美观、热衷研究生活的细节，因此产生了这一发明。燕几图背后反映出了宋朝民间经济繁荣、社会热爱文艺的历史图景。到了明清时期，玩具受到了西方文化的影响，大量西洋玩具涌入中国，玩具火车、八音盒、机器人偶……东西方娱乐生活开始交融碰撞。

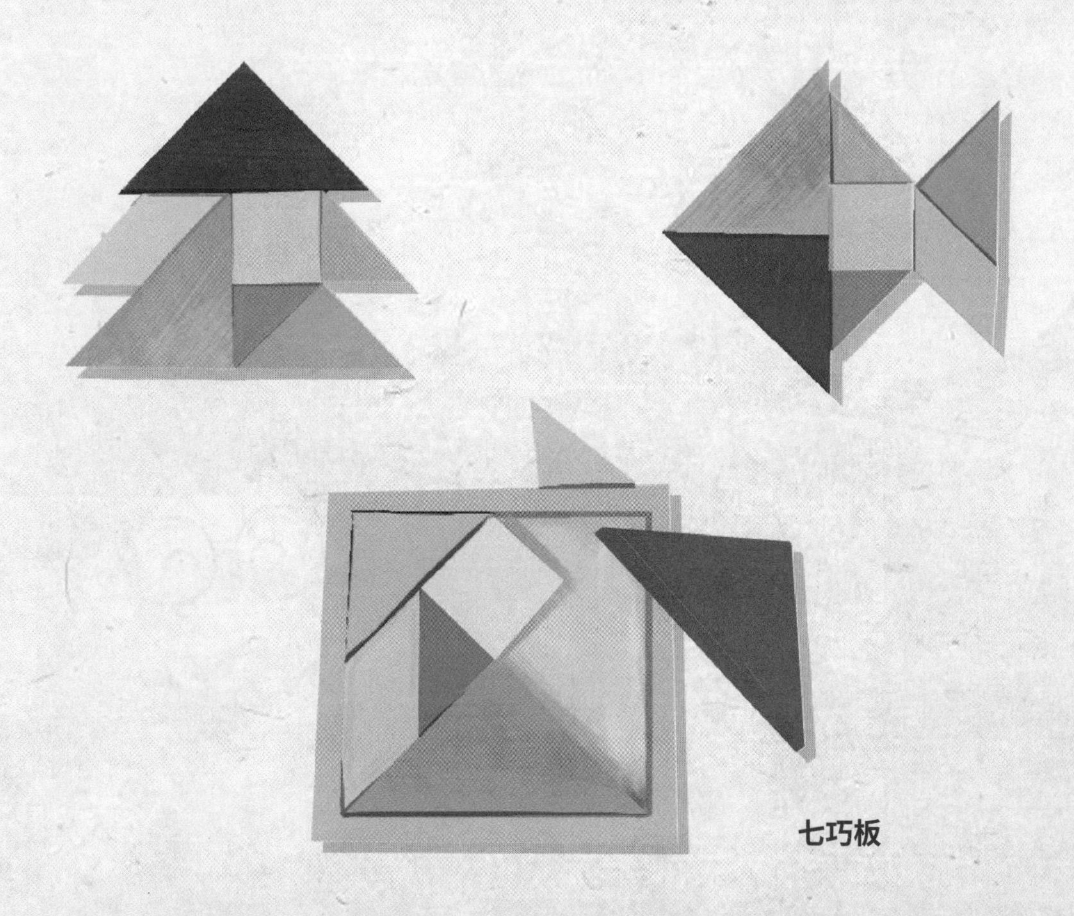

七巧板

# 史前和夏商周

## 超会玩的老祖先

在商朝建立之前的二三百万年，虽然没有文字历史记载，但是我们的老祖先留下了很多生活的痕迹，陆续被考古学者发掘出来。在这些痕迹中，我们发现人类一经诞生，玩具就伴随他们左右。可以说跟衣食住行一样，玩具从一开始就是古人生活中的重要内容。

夏商周三代，尤其是春秋战国时期，是中国文化的形成时期。夏商周时期，除了简单的泥捏玩具、球类玩具，还出现了昂贵的青铜玩具、复杂的棋类玩具等。玩具成为当时孩子们的重要陪伴物。

听说我们就是天上的神仙用泥巴捏出来的。
玩泥巴在我们的时代是最时髦的游戏！

# 捏个泥人，长得像我

你有没有听过女娲造人的故事？传说女娲是一位神，她行走在天地间，觉得很寂寞，就照着河水里自己的倒影，用泥巴捏出了很多小泥人。这些小泥人落地就活了，成了真正的人。后来女娲累了，干脆用藤条蘸上泥巴一甩，也甩出了很多人。今天我们知道了，人类并不是女娲造出来的，这只是上古时期人们在探究自己的来源时想象出的神话故事。不过这个故事让我们窥见了一件非常有趣的事——上古时的人们，一定没少玩捏泥巴的游戏。

女娲抟土造人的传说更像是我们的老祖先玩泥巴做玩具的情景再现。

泥巴晾干以后容易干裂破碎，所以我们现在无法看到上古时期人们所捏的泥巴玩具。好在，古人很快学会了制陶。把特定黏土制作的泥巴玩具，放在火里面烧制成陶玩具，只要保存妥当，可以很长时间都不坏。今天，考古学者们挖掘到了不少几千年前的陶玩具，让我们看到了那时的人们都玩些什么。

## 博物馆中的玩具

7000 年前的陶鱼玩具
浙江省博物馆藏

7000 年前的陶猪玩具
中国国家博物馆藏

博物馆中的玩具

陶塑抱鱼人
荆州博物馆藏

陶玩具的制作要求比泥玩具要高，很多是由大人做好再送给孩子的。一些心灵手巧的大人捏出来的陶玩偶和模型栩栩如生，艺术水平非常高。

陶猪，可能就是当时人们家里养的猪的样子，还带着一些野猪的特征，和现在的肥肥胖胖的家猪并不一样。而陶鱼，像是人们在水边看到的半个身子探出水面的大鱼。还有陶房子和陶篮子等，都是模拟古代人们生活中常见的物品制成的。

博物馆中的玩具

周朝陶虎
四川博物院藏

考古发现的夏商周时期的陶玩具还有陶人、陶狗、陶鸡、陶虎等，造型也都逼真讲究。

## 用木头和金属做玩具

随着文明的发展，生产工具越来越精良，古人不再满足于用泥土来制作玩具，他们发现用木头和金属也可以加工成各种玩具，而且品种更多，玩法更丰富。

战国时期有一种用桃木做的木偶，叫作桃梗，被人们认为有辟邪的功效。

## 藏在玩具里的成语

### 【土偶桃梗】

《战国策》里有一个泥土做的土偶和一个桃木做的木偶争论的故事。土偶说："你不如我，我是土做的，就算被水泡坏了，还能回归成土，而你是树枝雕刻成的，掉到河水里就会被冲进大海，只能一直漂流，再也无法回到树上。"土偶桃梗这个成语形容人身不由己、漂泊不定。

商周时期，人们学会了冶炼青铜，主要用来制作礼器和兵器，也会用来制造玩具。简单的青铜玩具就是单纯模仿动物等的造型，比如青铜小马。青铜玩具更加美观结实，但造价非常高，算是古代玩具中的高档品。

从一些较复杂的青铜玩具里，我们能够看出当时的古人已经学会应用一些机械原理，比如周朝的玩具"刖（yuè）人守囿（yòu）车"。这是一件青铜六轮车，车上有人和 14 只鸟兽的构件，不仅车轮可以转动，车顶、车门都能打开，而且人和动物还能做出动作，比如车顶的 4 只小鸟会迎风旋转，工艺非常高超。这是目前发现的最为精美的古代青铜玩具之一。

## 博物馆中的玩具

春秋铜马
洛阳博物馆藏

刖人守囿车
山西博物院藏

# 动起来，更好玩

史前时期就有体育运动类的玩具了。原始人用绑着绳索的石球或陶球来打猎，要是石球、陶球做小了，打猎不好用，怎么办呢？可能就送给孩子们当玩具啦。这些玩具不仅可以玩耍，而且是体育锻炼的器材。孩子们挥舞着陶球或石球，练习投掷的技术，享受游戏的快乐，不知不觉中就成长为部落里合格的猎手啦。

不管是陶作的玩偶还是青铜摆件，大多只能观赏，作为玩具，当然是动起来才更有趣啊。

还有一种常见的射击玩具——弹弓。在弓箭发明之前，弹弓就先出现了，它是原始人重要的打猎工具，也是孩子们的玩具。当时的弹弓和现在常见的“丫”字形弹弓长得不一样，更像一张弓，只是

石球和陶球
西安半坡博物馆藏

原始社会的孩子玩投掷球示意图

发射的不是箭而是弹丸，难怪叫作“弹弓”。随着时间的发展，弹弓逐渐演化为现在常见的样式。

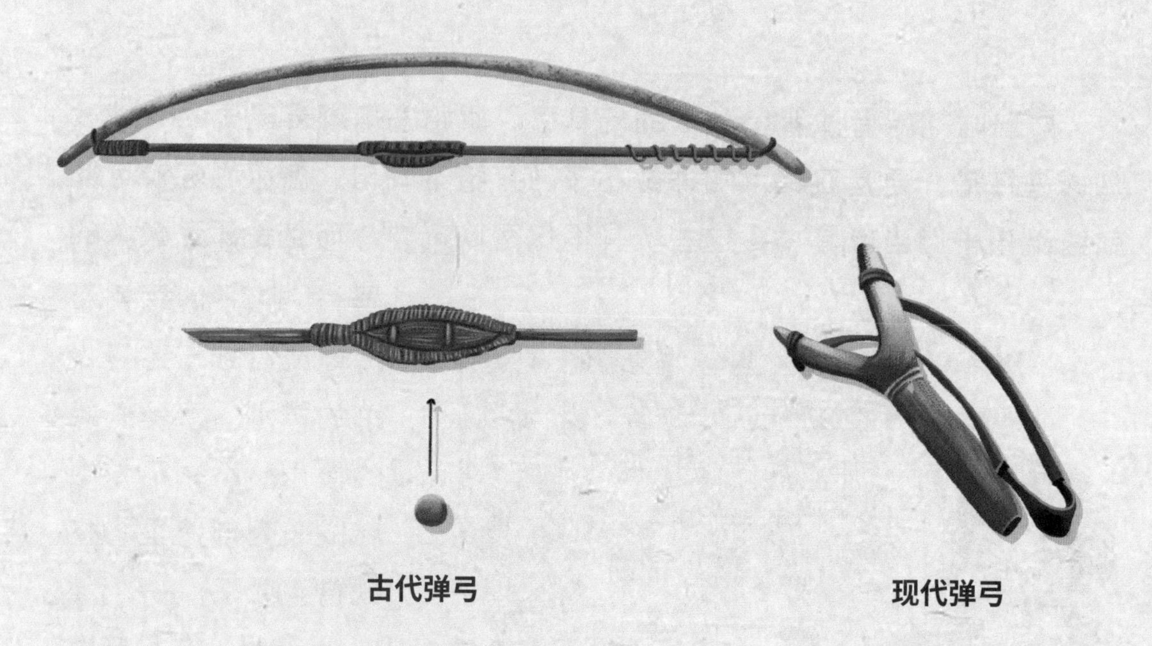

古代弹弓　　现代弹弓

## 藏在玩具里的成语

**【弹丸之地】**

弹丸，就是古时候人们用泥、石头等做成的小圆球，用弹弓发射来捕猎或者玩耍。像弹丸一样大小，形容非常小的地方。这个成语在使用的时候常常含有轻蔑的意味。

除了能扔来扔去，玩具要是能发出声音就更有趣了。

大约在春秋时期，人们就已经拥有可以发声的玩具了。在湖北省京山市出土的一批春秋时期墓葬品中，有一些构造精巧的陶球，形状是圆形或陀螺形，外面刻有花纹或者涂有颜色，内部是空心的，装有石子。圆形的陶球可以通过旋转滚动来发声，和今天的铃铛球有异曲同工之妙。陀螺形的陶球，就是现代陀螺的前身，人们通过旋转它来玩耍，有的陀螺形陶球里面装有石子，动起来就可以发出声音。

博物馆中的玩具

陶球
四川博物院藏

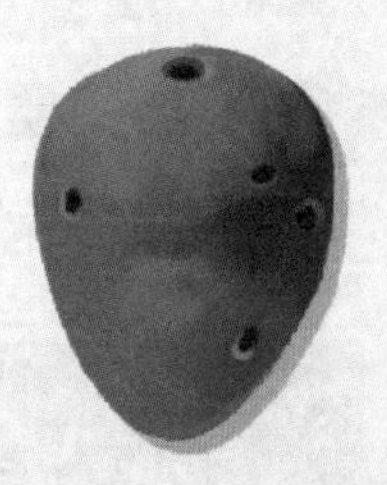

陀螺形陶球
湖北省文物考古研究院藏

# 最悠久的棋类玩具

直到现在，各种各样的棋仍然是非常重要的益智类玩具。早在商朝，甲骨文中就有“棋”这个字了。最早的棋和我们想象的不太一样，它没有棋盘，而是用一个小簸箕装着标有记号的小木块，参与游戏的人轮流摇动，根据木块记号的组合来决定胜负。与其说这个玩具是棋，不如说更像骰(tóu)子。

而到了周朝，出现了真正的棋——围棋。传说围棋是黄帝或尧、舜发明的，不过直到周朝才出现关于围棋的记载。

今天的围棋跟周朝的围棋有什么不同吗?
我只知道棋盘有区别，我们现在的围棋纵横各有19条线，而周朝的围棋大概只有17条线或更少。

围棋自诞生以来已经有几千年了，一直备受人们喜爱。在汉朝，每年的农历八月初四，皇宫里的人要在竹林里对弈，据说胜者终年有福，负者则终年疾病，但只要向北斗星祈祷就可以消灾免病。

## 原来如此

**博弈**

博弈指在现有的条件和一定的规则之下，开动脑筋、调配资源，为谋取利益而竞争。这个词最早就是指下围棋。古时候把围棋叫作“弈”，下围棋就是对弈或博弈。

魏晋南北朝时期涌现出了很多围棋高手，人们把对弈视为高雅的娱乐，将下围棋雅称为“手谈”。最厉害的棋手被尊称为“棋圣”，棋圣这个荣誉称号一直沿用至今。人们还将棋手的品级分为九品，这可能就是今天围棋九段制的起源。

## 藏在玩具里的成语

### 【专心致志】

《孟子》中记载了一个叫弈秋的围棋高手和他两个学生的故事。这两个学生都很聪明、有天赋。上课的时候，其中一个学生一心一意地听老师讲课，把全部心思都放在下棋上，而另一个学生则一会儿看天上的飞鸟，一会儿看远处的风景，总想着别的事情。最后两个人的棋艺相差很大。孟子说，这不是由于智力上的差距导致的，而是由于做事情的专心程度不同，要想学成大学问、做成大事情，就一定要“专心致志”。这个成语用来表示做事情一心一意、集中精力。

隋唐时期，围棋棋盘发生了演变，不仅变得更大，棋盘上还出现了“星”位。星可以辅助棋手辨认落子位置。当时的星并不统一，有的棋盘有 5 个星，有的则多达 47 个星，现在的棋盘则统一为 9 个星。

## 博物馆中的玩具

**东汉石刻围棋棋盘，**
**横竖各 17 条线，没有星**
河北博物院藏

**隋朝白瓷围棋棋盘模型，**
**横竖各 19 条线，有 5 个星**
河南博物院藏

**唐朝古画中的下棋女子**

唐朝时设置了名为“棋博士”的官职，专门负责教宫人下围棋，民间也出现了很多记录棋谱和棋艺的书籍。当时有的围棋高手甚至可以下盲棋，也就是不需要看棋盘，只凭借头脑中记忆的棋局来落子。

围棋还流传到国外，受到日本、韩国等很多国家的喜爱。日本至今还收藏着一些精美的唐朝棋具。

## 博物馆中的玩具

**唐朝紫檀木画围棋局及棋子，棋盘上有用染色象牙镶嵌的装饰图案，两侧有装棋子的小抽屉，两副棋子是用石头和染色象牙做成的**
日本正仓院藏

除了围棋，还有一种从先秦时期就开始流行的棋类游戏——六博，也叫陆博、六簙，被认为是象棋的前身。

到了汉朝，六博更加普及，成为王公贵族们喜爱的玩具。长沙马王堆汉墓就出土过一套精美的六博棋，棋盘是正方体的漆器，棋盘四角用象牙镶嵌，棋路上画着小鸟图形，棋子是长方体的，茕（qióng）（一种骰子）是十八面体（分别刻着 1～16 的中文数字和 2 个汉字），博筹除正常的 6 根博筹外还有 30 根小博筹。在汉朝就连小孩都能背诵六博游戏的口诀，还有专门的“秘籍”《大博经》传世。

## 博物馆中的玩具

**石雕六博棋盘**
河北博物院藏

**汉朝水晶和青玉六博棋子**
南越王博物院藏

**周朝六博（大博）的玩法：**

1. 准备：两个人对博，按棋子颜色分为黑白两方，每人拿6根博筹当作计算输赢的依据。每人有6枚棋子，其中1枚叫“枭”，另外5枚叫“散”。

2. 行棋：投掷名为“箸”的骰子，根据投掷出的正反面数量来决定棋子可以走的步数。先秦时期流行的是大博玩法，要用6个箸。

3. 胜利：通过棋子间的配合，以吃掉对方的“枭”、赢得对方的博筹为胜利。

## 博物馆中的玩具

西汉彩绘木雕六博俑
甘肃省博物馆藏

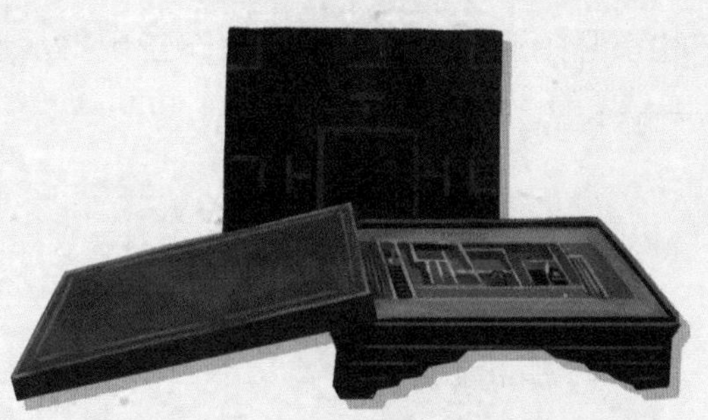

西汉黑漆朱绘六博具
湖南省博物馆藏

**汉朝六博（小博）玩法的变化：**

骰子从“箸”变成了“茕”。茕有六面体、十八面体等不同形状，根据玩法不同用1颗或2颗茕。

小博中还出现了“鱼”的概念。鱼放置在棋盘中间的“池”中，只有枭棋能牵鱼（吃掉鱼）。牵鱼一次可以得到2根博筹，先获得6根博筹的人就赢了。

# 汉和魏晋南北朝

## 承前启后，玩出花样

从汉朝到魏晋南北朝，经历了近 800 年。这是中国古代文明大发展的时代，衣食住行、宗教军事等各个方面，都产生了新的变化。而生活与社会各方面的发展，又成为设计玩具的灵感来源。

在这个跨度很大的历史时期，陶制玩偶和模型仍然是非常重要的玩具。与此同时，很多我们在古诗词中常常读到的古代玩具，例如鸠车、竹马、投壶，也都开始遍布百姓家。还有一些玩具从这时一直流行到了现在，比如陀螺和竹蜻蜓等。

你的邮轮模型真漂亮，像真的一样！
这是我飞镖比赛一等奖得的礼物。

我从未见过这样的小船，像真的一样！
上次投壶十投十中，父亲奖励了我一艘小小陶船。

# 越发精美的陶玩具

陶制玩偶和模型，在汉朝以及魏晋南北朝时期仍然是最受欢迎、最普及的玩具，不过它们的塑形更加逼真精美，栩栩如生，一点儿不亚于现在的大牌玩偶和模型。

当时的陶玩具种类丰富，既有小猪、小狗、羊、骆驼、马、鸡、鸭、小鸟等动物造型，也有人物、房屋、船只、猪圈、炉灶等造型。

## 藏在玩具里的成语

**【泥车瓦狗】**

汉朝一个叫王符的人在文章中写道："或作泥车、瓦狗、马骑、倡排，诸戏弄小儿之具以巧诈。"泥车就是泥制的小车，瓦狗就是陶制的小狗，都是小孩子的玩具，汉朝时泥制和陶制的玩具随处可见，价格也很便宜，后来泥车瓦狗就引申为无用或无价值的东西。

## 博物馆中的玩具

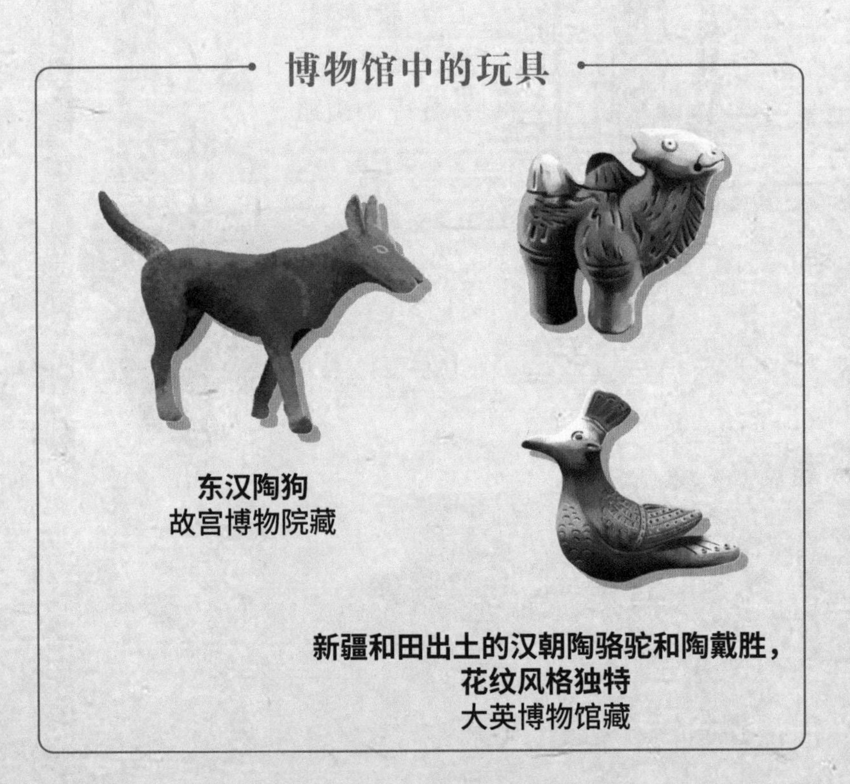

东汉陶狗
故宫博物院藏

新疆和田出土的汉朝陶骆驼和陶戴胜，
花纹风格独特
大英博物馆藏

玩偶与模型总是随着当时出现的新鲜事物而发展的。汉朝时造船的技术越发精进，相应地出现了精美的船只模型。

## 博物馆中的玩具

汉朝陶船模型
中国国家博物馆藏

这艘陶船模型制作精巧，跟现在的模型一样，是使用不同的零件拼接而成的，只是烧制成型后就不能再拆开了。它和当时人们使用的内河航船一模一样，船上有舱室、船工，还有防御用的兵器。

原来在那个时候就有精致的船模了！这么说也一定有车模咯！

对呀！玩具来源于生活，可别以为只有现在有车模，这都是几千年的老传统啦！

# 你玩鸠车，我玩竹马

明朝诗人唐寅在诗中写道：“鸠车竹马儿童市，椒酒辛盘姊妹筵。”其中“鸠车竹马”指代童年，这也是古人很普遍的用法。“鸠车竹马”究竟是什么东西呢？其实鸠车和竹马是两种儿童玩具，大概在汉朝出现，并很快在民间广泛流行。西晋的张华写了一本《博物志》，其中说：“小儿五岁曰鸠车之戏，七岁曰竹马之戏。”意思是五岁的孩子可以玩鸠车，七岁的孩子可以玩竹马。

鸠是外形像鸽子的一类鸟。我们熟悉的斑鸠就是鸠的一种，会发出咕咕的叫声。古人认为鸠是一种非常慈爱的鸟，对自己的孩子悉心照料、舐犊情深，并且鸠与“久”谐音，寓意着生命平安、幸福时光长久。也许正是这些原因，人们选择用这种鸟的形态来给孩子们做玩具。

斑鸠

## 博物馆中的玩具

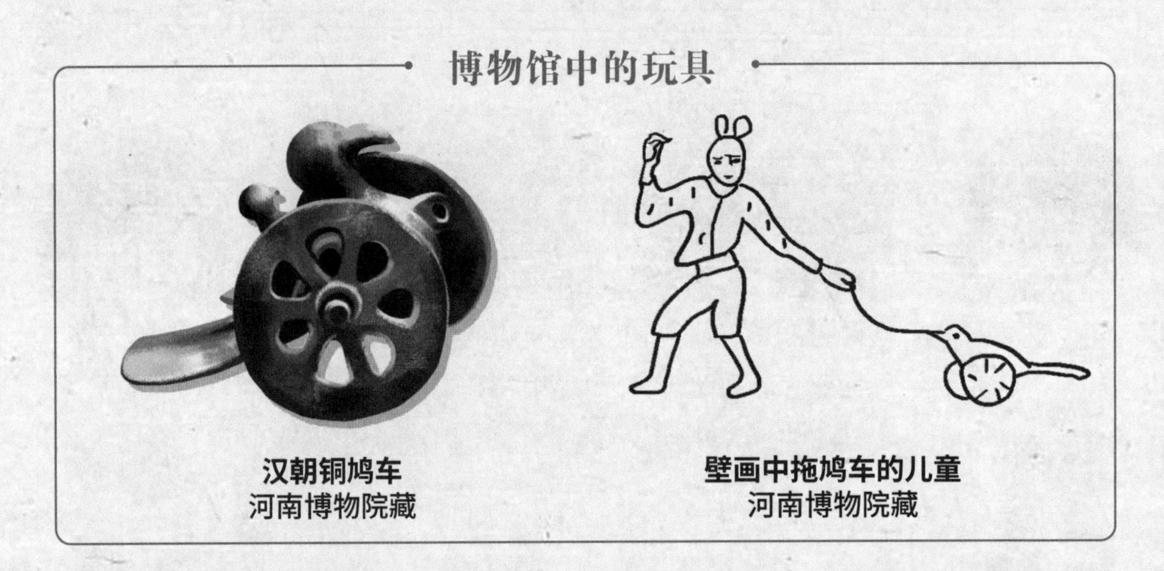

汉朝铜鸠车
河南博物院藏

壁画中拖鸠车的儿童
河南博物院藏

竹马的样式简单，就是一根竹竿或木杆，讲究一些的竹马一端有马头，另一端有轮子。孩子们骑在竹马上，模仿大人骑马的动作，玩角色扮演的游戏。相比之下男孩玩竹马的更多。

## 藏在玩具里的成语

### 【青梅竹马】

唐朝诗人李白在《长干行》中写道：“郎骑竹马来，绕床弄青梅。同居长干里，两小无嫌猜。”这是一个年轻女子对童年情景的回忆。邻居家的小男孩骑着竹马在她身边跑来跑去，而她手上摆弄着青梅果。两个孩子天真无邪，关系和睦，快乐地一起长大。

## 博物馆中的玩具

壁画里骑竹马的儿童
敦煌佛爷庙—新店台墓群文物遗址藏

明朝嘉靖青花十六子婴戏图大罐上的儿童骑竹马画面
保利艺术博物馆藏

# 动手又动脑的投壶

一般学龄前的孩子喜欢玩鸠车和竹马，更大一点儿的孩子喜欢有挑战性的游戏，比如投壶。

投壶是一种体育玩具。它的玩法是将一个壶（古代的一种容器）放在远处，游戏者将箭矢努力投入壶中，投入次数多的人获胜。

投壶游戏在战国时期是宴会上的礼仪活动，游戏时要有音乐伴奏。这一时期壶的造型和酒壶差不多，有青铜和陶两种材质。壶中要放入一些豆子以防止箭矢弹出。投壶用的箭矢叫“筹”，在室内投壶用的筹最短，只有三四十厘米，在大堂用的筹大约长半米，在庭院等户外用的筹最长，有六七十厘米。

## 藏在玩具里的成语

**【枉矢哨壶】**

“枉”是弯曲的意思，“矢”在这里指投壶所用的箭矢，“哨”是歪的意思，而“壶”就是投壶所用的壶了。在宴会上，请来宾投壶时，主人先要客气几句，说：“某有枉矢哨壶，请以乐宾。”意思是我家的壶是歪的，箭也是弯的，您别嫌弃东西简陋，就赏脸投一下吧，我给您奏乐。这当然不是真的，而是主人的自谦之词，就像主人的家宅很豪华也会自称“寒舍”一样。后来“枉矢哨壶”就成了一个成语，意思是不精致的器物，是主人的自谦之词。

到了汉朝，投壶成了人们日常休闲的一种游戏。相传汉朝有个叫郭舍人的投壶高手，专门用弹性好的竹子做成箭矢，还不往投壶里放豆子，这样投中的箭矢就会被弹回来，他能再用手接住。郭舍人可以

## 博物馆中的玩具

战国的犀足蟠螭纹铜投壶
河北博物院藏

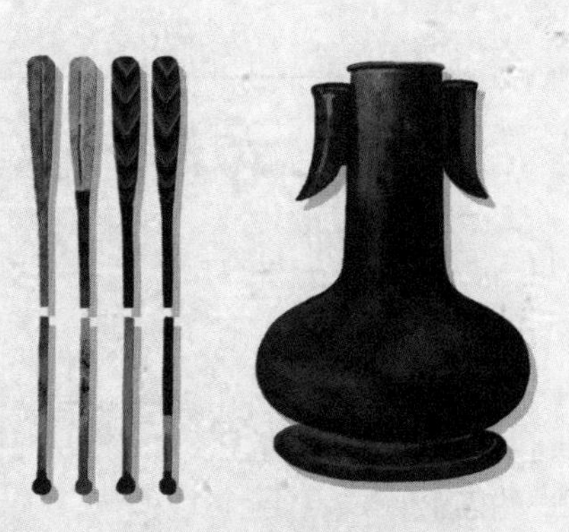

唐朝的投壶和箭
日本正仓院藏

西汉的陶投壶
河南博物院藏

让箭矢在手中和投壶里来回弹跳上百次而不落地，真是神乎其技，要是生活在今天他会是个套圈高手吧。

到了宋朝，投壶经过发展，已经不仅仅要将箭矢投入壶中了，还引入了计分制，根据箭入壶的不同形态分别计分。名人司马光专门写了一本书记录投壶的新规则。著名的抗金将领岳飞也是投壶爱好者。

清朝任薰《拥貂互相投壶乐》中背身投壶的场景

明朝时，投壶日益繁盛。到了清朝，投壶游戏逐渐衰落，玩的人越来越少了。

投壶需要一定的技术，可不是一时半会儿就能玩上手的，我还是玩陀螺吧！
陀螺嘛，在魏晋时期也很流行哦！

# 陀螺与竹蜻蜓

陀螺的出现时间，可以追溯到4000多年前了。有人猜测，可能是古人偶然将正在旋转的纺锤（纺线的劳动工具）掉落在地，发现其可以继续旋转而不倒后，仿制了纺锤形状的玩具。历史上最早关于陀螺的文字记载出现在魏晋南北朝时期，称之为“独乐”。到了宋朝，它的名字又变成了“千千”。直到明朝，人们才开始叫它陀螺。

至今，我国各地对陀螺也有不同的称呼，比如干乐、冰尜（gá）、皮老尖等。最有意思的是，近代一些地方把陀螺叫作焊尖，因为陀螺的尖端是焊接的金属，同时“焊尖”谐音“汉奸”，打焊尖游戏就有了打汉奸的寓意。

古代的陀螺主要有两种形制：一种是大陀螺，呈倒圆锥状，用鞭子抽打来旋转；另一种是小陀螺，形状像斗笠，下部突出尖端，用手捻着就可以旋转，所以也叫捻转。明朝以前主要流行小陀螺，人们随身携带，到郊外踏青时喜欢玩一会儿陀螺游戏。而到了明清时期，人们更喜欢大陀螺。清朝流行冰上运动，有冰面打陀螺的游戏，称为“冰猴”。

清朝《百子图》中儿童玩小陀螺的场景

冰面打陀螺，也叫打冰猴。

别以为陀螺是一种老掉牙的玩具，其实它蕴含着十分有用的动力学知识。现代科学家们正是从陀螺在高速旋转时能够保持稳定的现象中，研制出了今天航空航天等领域非常重要的设备——陀螺仪。

**陀螺仪**

还有一种出现于晋朝、直到今天还很受欢迎的玩具就是竹蜻蜓。竹蜻蜓通过用手旋转获得飞行的动力。现代的直升机正是应用了类似的飞行原理。

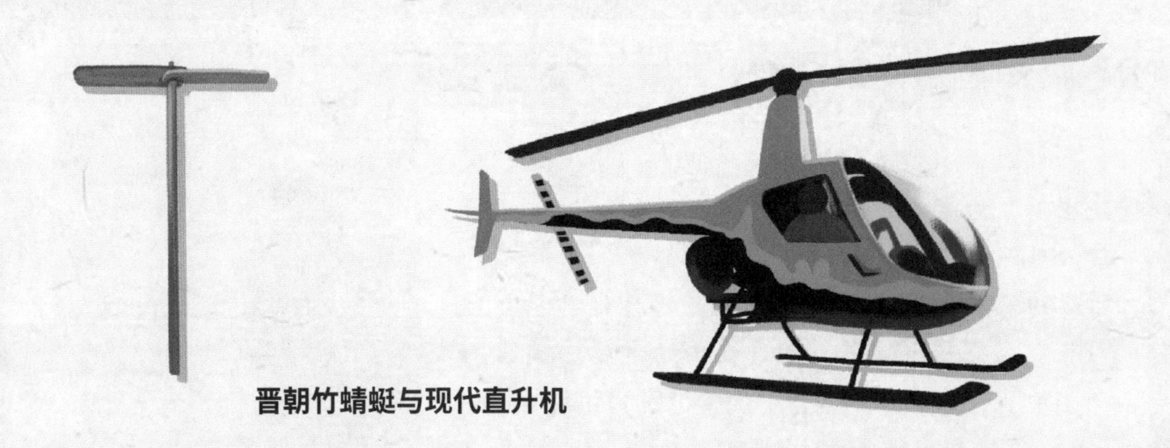

**晋朝竹蜻蜓与现代直升机**

## 历史放大镜　汉宫春晓图（局部）

明朝画家仇英根据自己的想象画了《汉宫春晓图》，力求表现汉朝皇宫里女子的游乐生活场景。虽然画中的一些服饰和发型错了，但是人物所玩的游戏和玩具基本符合汉朝的时代特色。后来又有人临摹这幅图，不过在画的过程中搞错了一些细节，出现了一些不属于汉朝的玩具。一共4处，你能找出来吗？（答案见本书第118～119页）

# 繁华盛世，越玩越出彩

隋唐时期，中国结束了南北分裂的局面，历史进入大统一、大发展的辉煌阶段。经济空前繁荣，生活也相对稳定，人们有了很多空闲和灵感发展娱乐活动。

盛唐时期，与外界交流密切，来自各国的使者涌入京城长安，带来了异国文化中多姿多彩的新鲜事物。国内各民族也进一步融合，玩具的种类更多了，玩法更丰富了，制作工艺也更加精巧先进。再加上社会风气相对开放，不管男孩女孩，都有更多的机会走出家门，参与户外活动，因此运动型玩具开始流行。男孩玩捶丸和木射，女孩荡秋千。孩子们朝气蓬勃，到处洋溢着欢声笑语。

我今天就不该穿裙子，真害怕裙摆被缠住了会出危险！
不知道秋千刚设计出来的时候，人们都怎么玩呢？

在我们唐朝，秋千多半是女孩子玩的，就算穿着裙子，也可以荡得很高，多练练就会了。

# 给玩具披上彩衣

隋唐时期，玩具匠人们给颜色单调、造型简单的陶玩具或泥玩具画上彩绘，增添了鲜艳美丽的花纹，制造出了彩塑玩具。很多隋唐时期的彩塑玩具非常精美，生动地表现了当时人们的生活和娱乐场景。

## 博物馆中的玩具

唐朝彩塑舞狮俑，
舞狮方法和现在的基本一样
新疆维吾尔自治区博物馆藏

唐朝彩塑打马球俑，
运动员正在马上挥舞马球杆
新疆维吾尔自治区博物馆藏

唐朝彩塑马舞俑，
穿青衣、戴黑帽的杂技演员正在马上表演
新疆维吾尔自治区博物馆藏

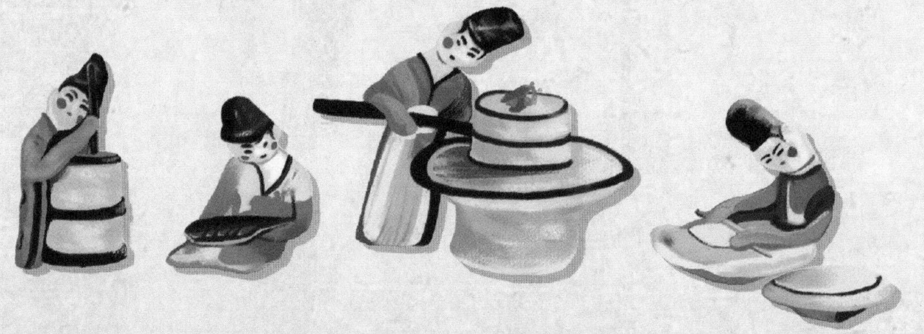

唐朝彩塑劳动妇女俑，几名妇女正在筛米、推磨、擀面，一定是在做好吃的食物
新疆维吾尔自治区博物馆藏

相传唐朝著名的雕塑家杨惠之曾向一位著名画家学习绘画，做出来的彩塑能以假乱真。他以一位著名倡优人（表演音乐歌舞或杂技的艺人）为原型，做了一个真人大小的彩塑放在街上，看到彩塑背影的人都以为是倡优人本人站在那里。另一位雕塑高手刘九郎曾在河南长寿寺里做了一个“睡觉的幼儿”彩塑，很多人也都以为是真的，走到离“幼儿”不远处就蹑手蹑脚、轻声细语，担心吵醒他，当人们知道那只是彩塑后，纷纷惊叹不已。从彩塑制作工艺的提高，可以推测出当时彩塑玩具之精美。

陶制玩具历经了那么漫长的历史时期，到了唐朝，除了增加色彩，还有什么特别之处呢？

最特别的就是制作工艺的改变。唐朝以前大部分陶器玩具是由匠人们手工捏出来的，成型后烧成陶器，再上色上釉。这样造出来的玩具可以很精致、很生动，只是由于依赖手工，制作速度就比较慢。在唐朝陶瓷模具的制作技术得到了进一步的发展，匠人们更多的是先造好模具，把陶泥压进模具里变成陶器坯，比手捏快得多，而且同一模具里出来的陶器坯一模一样，然后再烧制、上色上釉。

## 原来如此

**模**

模字最早的意思是制造器物的模型——木字边告诉我们早期的模具都是木制的，莫则是“摹”的省文（简写），意思是按照东西的样貌来模仿、制作。“模”从最早的模型之意，又引申出标准、模范等义。在人群中值得被效仿的人被称作“模范”。模字有mó、mú 两种读音，可不要搞混哟。

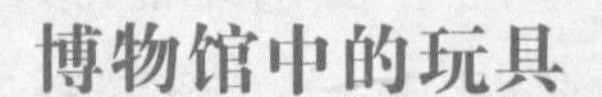

博物馆中的玩具

唐朝“王字龟陶印模”（左图）与用此模具造出的褐釉王字龟
湖南博物院藏

哇，这样的话，玩具就可以实现标准化批量生产了！

## 从外国进口的玩具——双陆

唐朝时，我国与许多国家都有着密切的往来，文化与风俗相互影响，大家交换着好吃的、好用的，还有好玩的。有一种棋类玩具叫双陆，也叫双六，是古印度人发明的，通过丝绸之路传入我国。唐朝关于双陆的记载多起来。一直到现在，日本、东南亚、中东等地还有类似的双陆棋，都是从古印度传过去的。

双陆，双六，这两个名字有什么关联吗？
陆就是六的大写字啊！我猜这种棋的玩法一定与数字6有关。

唐朝双陆的游戏规则：按图中所示黑白双方摆好棋子（称为“马”），白方自右阵（图中上方）向左阵（图中下方）顺时针方向行棋，黑方自左阵（图中下方）向右阵（图中上方）逆时针方向行棋，以掷骰子点数为行棋步数（可以选择移动最外侧的一枚或两枚本方棋子，移动两枚棋子时，两枚棋子的移动步数必须和两个骰子的点数一一对应，只移动一枚棋子时移动步数等于两个骰子点数之和），以将全部

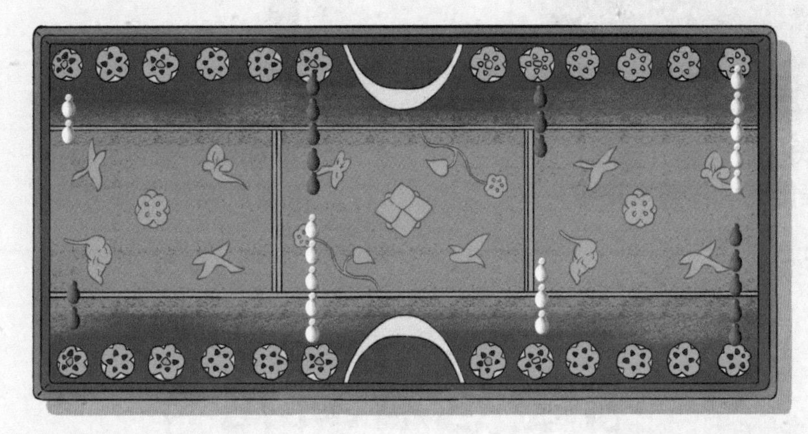


棋子移到对方的后梁（一共六个后梁）为胜。行棋的关键在于“打马”：即单独一枚棋子在某梁上，对方棋子移动到此梁就会吃掉这枚棋子，这枚棋子将在下一回合回到起点复活，而且必须起点无对方棋子才可以复活，有对方棋子就无法复活，无法复活时本方也不能行棋。

到了明朝，双陆依然在民间流行，著名的江南才子唐伯虎（唐寅）就曾为一本双陆的攻略书《谱双》作序。

明朝有一种双陆桌，桌面是活动的，平时当作普通桌子用，需要玩双陆时取下桌面，里面藏着双陆棋盘，非常巧妙。

### 博物馆中的玩具

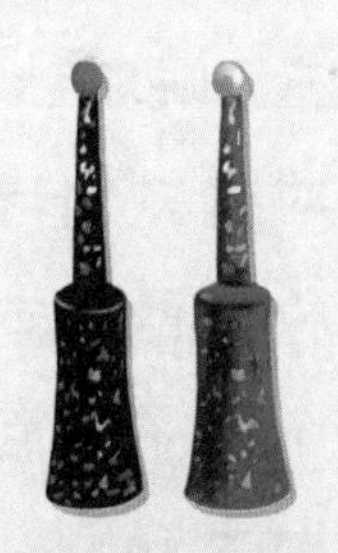

**明朝双陆棋子**
故宫博物院藏

**内人双陆图（局部）**
美国弗利尔美术馆藏

**明朝黄花梨双陆棋桌**
美国费城艺术博物馆藏

## 哨子也有新花样

哨子不仅是一种可以吹出声音的玩具，而且可以作为发号令、传信息的实用工具。哨子的做法简单，历史很悠久。早期的哨子多是泥哨，或用桃核、杏核等天然材料做成的。

到了唐朝，人们生活更加富足，审美水平提高，制作的很多物品都很美观、花样也多起来，哨子就是如此。这时候，出现了瓷哨。瓷哨的模样很丰富，有模仿桃核、杏核的，有做成人像或仙人的，还有各种动物模样的。因为工艺简单、价格便宜，所以哨子玩具几乎随处可见。

后来出现了一种注水瓷哨，一般做成小鸟或小鸡的模样，哨子里可以盛水，吹奏时声音更加悦耳动听，还能模仿鸟鸣鸡叫声。这种注水瓷哨长盛不衰，直到 20 世纪八九十年代还很常见。

## 博物馆中的玩具

**唐朝褐釉凤形哨**
南昌县博物馆藏

**唐朝褐釉狗形哨**
扬州博物馆藏

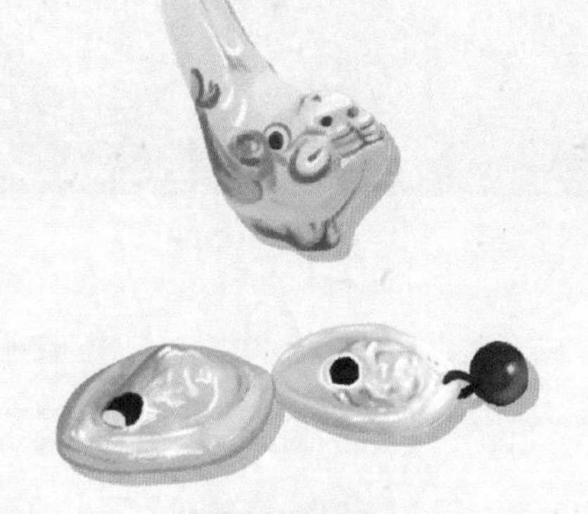

**宋元兽形瓷哨**
江苏教育博物馆藏

**民国鸟形注水瓷哨**

# 唐朝版大富翁桌游

你有没有玩过飞行棋或大富翁游戏？类似的桌游，在唐朝就已经出现啦！只不过，现在的人们喜欢用理财、经商的题材，而那时候的人们则喜欢用升官的题材。毕竟“朝为田舍郎，暮登天子堂”是古代大部分人的梦想。唐朝版大富翁叫“彩选格”，在行棋路线上每个格子里都写着当时的官职名称，按照品级由低到高排列，一共有67级官职。棋手掷骰子决定行棋步数，以先到终点为胜。棋子向前进寓意着升官，最后谁最先升到最高的官职，谁就赢啦。

## 原来如此

**博彩**

博彩指赌博、摸彩、抽奖一类活动。唐朝的彩选格玩具要投骰子，骰子是红黑两种颜色的，也叫“色子”，骰子掷出的结果叫作“彩”。后来将“彩”引申为赌博或某种游戏中给得胜者的东西，博彩、彩头、彩票等词语中的“彩”都是这个意思。我们一定要牢记，赌博是危害极大的行为，一定不能参与！

宋朝的彩选格叫作“选官图”，还衍生出了其他玩法，比如“选仙格”。将棋盘格上的官职名称换成神仙名字，这样那些无心追求做官的人也有兴趣参与游戏了。还比如专门给小孩子设计的“宵夜图”，棋盘格上写的是京城的名胜古迹，棋子在棋盘上行走，就好像人们在元宵节夜游京城一般。

在清朝，彩选格叫作“升官图”，经过发展和变化，仍然大受欢迎，尤其在过年守岁的时候，大人小孩都喜欢玩，所以很多升官图是由年画商家制作出售的。乾隆皇帝亲自制作过一款“群仙庆寿图”作为新年玩具，类似宋朝的选仙格。在那时还有一些孩子们喜欢的画着各色图案的升官图，比如“日用杂物升官图”“十二生肖升官图”“二十四孝故事升官图”等。

清朝专门给小朋友玩的“日用杂物升官图”

清朝专门给小孩玩的
“十二生肖和八仙升官图”

## 秋千的前世今生

现在儿童游乐场里，大都会有秋千。这种深受孩子们喜爱的运动玩具的历史十分悠久，据说在春秋时期就已经诞生了。汉朝时，皇宫里的仕女们喜欢荡秋千，而到了唐朝，秋千走出宫墙，在民间变得十分普及，更是成为寒食节重要的民俗活动。由于秋千能飞在半空，因此被称为“半仙之戏”。

### 原来如此

**秋千**

秋千这个名字是从何而来的呢？唐朝有个人叫高无际，写过一篇文章说：“秋千者，千秋也。汉武祈千秋之寿，故后宫多秋千之乐。”意思是说，汉武帝祈祷自己拥有“千秋之寿”，能活千年，于是后宫里的人们就把荡来荡去玩的这个东西叫作“秋千”，表达美好的祝福。从此，人们接受并传承了这个名字，毕竟健康长寿是每个人的愿望。

清朝《仕女图册》中荡秋千的女子

古代的秋千，除了现在经常见到的两根绳子拴一块板的样式，以及坐着、站着荡秋千的玩法，还有很多奇特的样式和玩法。

宋朝流行一种水秋千，在船上架起秋千，杂耍艺人在秋千上荡高后跃起，在半空中表演翻跟头等花式动作，最后落入水中。

风车秋千可以 2 个人、4 个人或更多人同时游戏，秋千像是风车一样不停旋转。今天风车秋千仍在我国部分少数民族地区流行。

水秋千

风车秋千

风车秋千在清朝曾是皇家宴会表演项目，由 8 名童子共同上场完成。

宋朝女词人李清照的《点绛唇》，把女孩子玩过秋千之后的神态写得惟妙惟肖，从中可以看出在宋朝秋千是民间非常普遍的一种玩具，尤其深受女孩们的喜爱。

### 点绛唇

**[宋] 李清照**

蹴罢秋千，起来慵整纤纤手。
露浓花瘦，薄汗轻衣透。
见客入来，袜刬（chǎn）金钗溜。
和羞走，倚门回首，却把青梅嗅。

## 唐朝的“高尔夫”“保龄球”和马球

唐朝社会风气相对开放，户外运动更加风行，人们喜欢聚集在一起娱乐、游戏，自然也就产生了很多适合在户外开展的集体游戏项目。这个时期，有3种常见的球类游戏。

第一种叫捶丸。玩法是在球场上挖球穴，用竹木制作的“捶”击打树瘤制成的“丸”，目标是将丸击入球穴中。它和现代的高尔夫球运动很像。古代的“捶”和现代的高尔夫球杆也很像。

**博物馆中的玩具**

**唐朝绞胎捶丸**
陕西历史博物馆藏

捶丸场景

现代高尔夫和唐朝的捶丸太像了！
爱玩的心古今都一样啊！

第二种叫木射。在地上立 15 根木笋，其中 10 根写红字，分别是仁、义、礼、智、信、温、良、恭、俭、让，5 根写黑字，分别是傲、慢、佞、贪、滥，把木笋摆成弧形，游戏者将木球

木射场景

从远处滚出，目标是击中红字木笋，如果误中黑字木笋就输了。玩法有点儿类似现代的保龄球。

感觉古代的木射比现代的保龄球难度更高呢！
不得不说古代人真的太会玩啦！

第三种叫马球。马球是最具唐朝特色的体育游戏。马球的参赛者身穿球衣，骑着马，携带木头做的球杖，在马球场上分为两队竞技，目标是用球杖击打马球，使马球攻入对方的球门。参赛的队伍只要进球，就可以得到一面旗，最后得旗多的获胜。可以看出来，马球的规则和现在足球赛的规则差不多。马球很考验参赛者的骑术和游戏技术。另外，唐朝的女子也玩马球，但她们一般不骑马而骑驴，所以也叫驴鞠（jū）。

马球运动场景

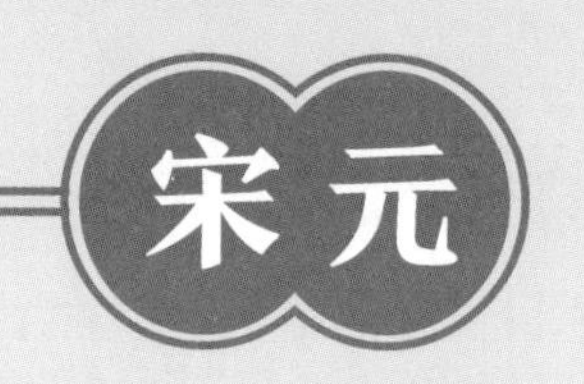


# 风雅文艺，越玩越有趣

宋朝商品经济发达，城市的大街小巷里到处都是商店和走街串巷的货郎，而玩具是很重要的在售商品。无论是北宋还是南宋，从皇家贵族到文人雅士再到乡野村夫，人们似乎更加热爱生活，在生活的细节上更加用心，于是呈现出来的生活场景以及所使用的各种用具也都更加精细雅致。具体到玩具上，就呈现出外观更加讲究、分类更加细致、互动性更强的特点。

元朝是由蒙古族建立的全国性统一王朝，出现了一些富有民族特色的玩具。

对于你们来说，如果放风筝是复古游戏，那么踢足球其实也是。我们的蹴鞠就是足球运动的雏形哦！

# 中国象棋从这时开始流行

博物馆中的玩具

**宋朝铸铜象棋子**
中国体育博物馆藏

中国象棋是一种老少皆宜的棋类活动，还是我国规定的体育运动项目之一，有专业棋手和比赛。

有人说象棋是秦末汉初的名将韩信发明的，也有人说在战国时期就有象棋了。虽然我们不知道象棋确切的发明时间，但是从史籍记载来看，象棋在唐宋时期开始流行。唐朝的象棋还没有“楚河汉界”，棋子中的“炮”也是后来才加入的。而到了宋朝，象棋就已经基本定型，跟现在没太大区别了。

宋朝名臣司马光发明了一种七国象棋，是象棋的变种，需要3—7个人共同下棋，设计灵感源自战国时的七雄争霸。不过由于需要棋手太多，下棋速度很慢，导致七国象棋的游戏体验不好，所以没能够流传开来。

## 临江仙

[宋] 蔡伸

帘幕深深清昼永，玉人不耐春寒。镂牙棋子缕金圆。
象盘雅戏，相对小窗前。
隔打直行尖曲路，教人费尽机关。局中胜负定谁偏。
饶伊使幸，毕竟我赢先。

《全宋词》中的这首《临江仙》，描写了两个人相对下象棋的情景，其中“隔打直行尖曲路”写出了不同棋子的走棋规则，你知道“隔打”的是什么棋，“直行”的又是什么棋吗？

我知道，“直行”指的是卒或兵的走棋规则，它们只能前进，不能后退。
炮吃棋的时候必须中间隔着棋子，那“隔打”应该指的是炮的走棋规则吧！

## 忙趁东风放纸鸢

风筝，也叫纸鸢、风鸢、纸鹞、风鹞、纸鸱、纸鸦等，是一种可以升空飞翔的玩具。唐朝的人们在风筝上面装了琴弦，在空中被风吹动时，宛如弹奏古筝一般，发出悦耳的声响，因此得名“风筝”。

风筝看似简单，用竹木、纸张、绳索等材料就可以做成，可是其在升空和飞翔的过程运用了空气动力学的原理，因此可以说是有一定科技含量的玩具。最早的时候，风筝很可能不是玩具，而是实用的工具。

鲁班造木鸢

传说春秋战国时期，著名的木匠、建筑师鲁班造的一只木头大鸟“木鸢”，可以带着人飞到天上停留3天。此外，还有秦末汉初名将韩信发明风筝的传说，提到当时的风筝是用于战争的军事工具。传说在魏晋南北朝时期，人们会用风筝传递军情。

到了宋朝，风筝成了大人小孩都喜欢的玩具。宋朝的风筝形态五花八门，有小鸟形的、鲇鱼形的、花卉形的等，还有最简单的方形风筝，俗称“屁股帘儿”。这些风筝一般用竹篾做骨架，用绢或纸糊面，用线连在竹竿上，竹竿上装有能收放线的轱辘。人们手持竹竿，转动轱辘，就能乘风放飞风筝啦。

明清时期流行的风筝样式更加多样，既有简单的瓦片风筝，也有模仿金鱼、燕子、蝴蝶、船只的风筝。有的风筝上会配有哨子，最典型的就是配有数百个大大小小哨子的南通板鹞风筝。

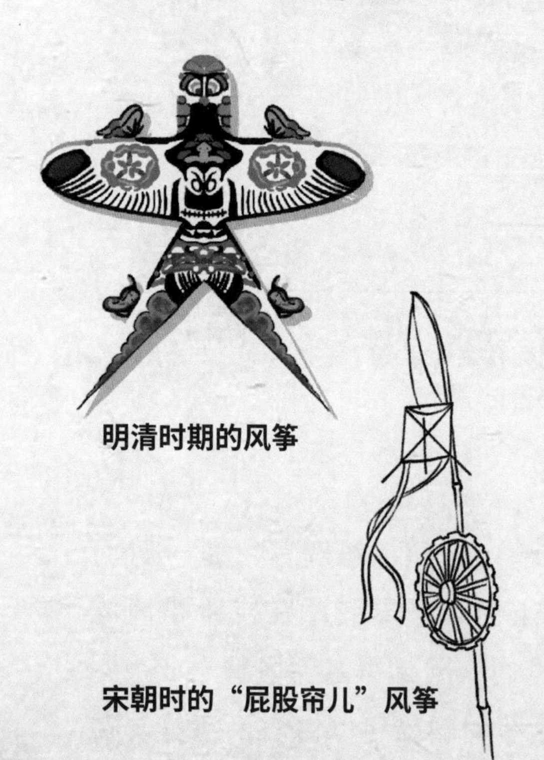
明清时期的风筝

宋朝时的“屁股帘儿”风筝

## 村居

[清] 高鼎

草长莺飞二月天，
拂堤杨柳醉春烟。
儿童散学归来早，
忙趁东风放纸鸢。

南通板鹞风筝，被
称为“占尽东风第一鹞”。

从宋朝到现在，风筝一直深受人们喜爱。清朝诗人高鼎的《村居》，就描述了当时的小孩们放学后急忙趁着春风放风筝的场景。

除了风筝，还有一种早就诞生，后来才变成儿童玩具的东西，那就是拨浪鼓。早在先秦时期就有拨浪鼓了，名叫鼗（táo），样子跟今天的拨浪鼓没太大区别，是一种乐器。发展至宋朝，拨浪鼓既是乐器，又是货郎鼓，还是儿童玩具。

宋朝，走街串巷卖物品的货郎总是摇动着拨浪鼓。当时的拨浪鼓除了常见的样式，还有双层或多层的，精巧玲珑，跟宋朝的很多物品一样讲究审美。从古画中我们可以看到，当时的小孩们头戴面具或涂画着脸谱，穿着戏服，手拿拨浪鼓，在玩模仿大人跳傩（nuó）戏的游戏。大人们也会摇动拨浪鼓，哄那些还在牙牙学语的小婴儿。

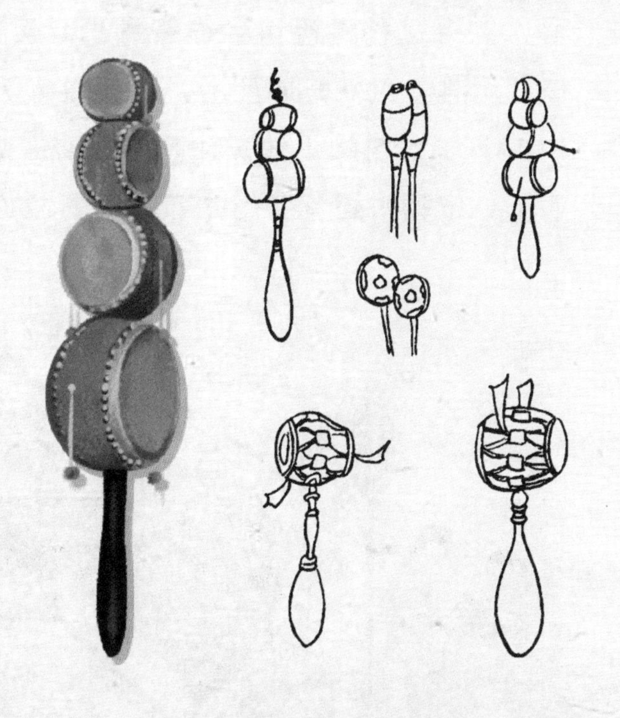

宋朝《货郎图》中的拨浪鼓，
有单层、双层、三层和四层的。

# 七巧板的诞生与发展

七巧板，也叫七巧图、智慧板，由 7 块不同形状的板组成，可以拼成许多种图形，是从古代流传至今的著名益智玩具。

七巧板的诞生，跟宋朝时人们喜爱宴饮聚会、注重聚会时的陈设与仪式感有关。举办宴会时，主人在案几上摆放美食和美酒，与客人坐在案几前一起享用。宴会也叫“燕会”，在宴会上使用的案几有个专门的名字叫“燕几”。

每次宴会，客人的数量、亲疏关系、身份等都不相同，如果燕几的摆放方式不能变化，就很不方便。北宋的进士黄伯思构思出一种灵活摆放燕几的方式，只要 7 张长方形燕几（大的 2 张、中的 2 张、小的 3 张），就可以根据宴会的需要拼接成不同形状的大燕几。大概是有人觉得这种拼接组合很有意思，又能训练智力，于是将之缩小改造成了玩具，这就是燕几图。燕几图由 7 块长方形木板组成（大的 2 块、中的 2 块、小的 3 块），玩法是以不同方式将 7 块木板拼接成大的长方形。宋朝时还有专门的“攻略书”《燕几图》介绍其玩法。

宋人宴饮，总是离不开案几。

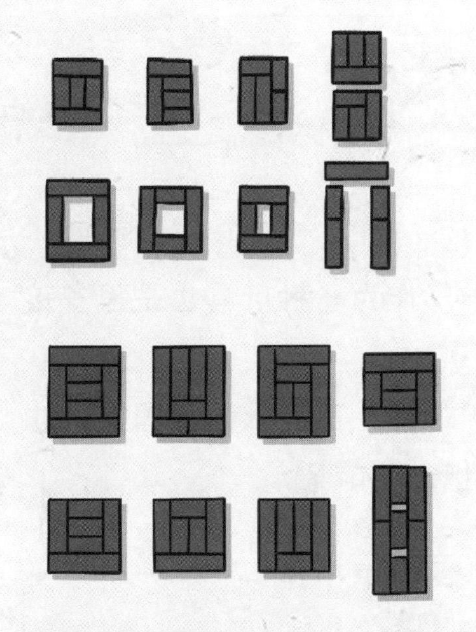

宋朝《燕几图》中记录的一些拼法

这种游戏一经诞生，就深受人们的喜爱。燕几图全部由长方形板组成，变化相对有限，到了明朝，一个叫戈汕的人在黄伯思的基础上发明了蝶几图。在戈汕所著的《蝶几图》（一部组合家具的设计图）中，蝶几图由三角形和梯形的13块板组成，可以组合成方类、直类、曲类、棱类、空类、象类、全屋排类、杂类八大类130多种图形。

燕几图、蝶几图发展到清朝时，七巧板正式诞生了。古人还从七巧板衍生出了具有实用功能的七巧盒、七巧桌。七巧板这个看似简单的玩具中蕴含了无穷变化和益智功能。它的影响力很大，流传到了国外，被称为唐图。法国军事家拿破仑、美国作家埃德加·爱伦·坡等名人都玩过这种益智玩具。

清朝七巧盒和七巧桌

清朝还有一种比七巧板更复杂的益智图，由15块板组成，所以也叫十五巧板，形状包括三角形、梯形、半圆形、平行四边形，以及不规则图形。它可以拼出比七巧板更多、更复杂的图形，一直流传到今天。

十五巧板

# 踢足球，踢毽子

足球是现代社会最为流行的运动之一，作为一种玩具也是很多孩子的最爱。

中国古代有一种跟足球很像的运动叫蹴鞠，已经入选了国家级非物质文化遗产名录，人们认为这就是足球运动的前身。

蹴就是踢的意思，而鞠就是球啦。鞠最早是用皮革缝制的，里面填充了米糠、羽毛，具有一定的弹性。后来又出现了以动物膀胱为内胆的充气式皮革鞠，这跟现在的足球已经非常像了。

博物馆中的玩具

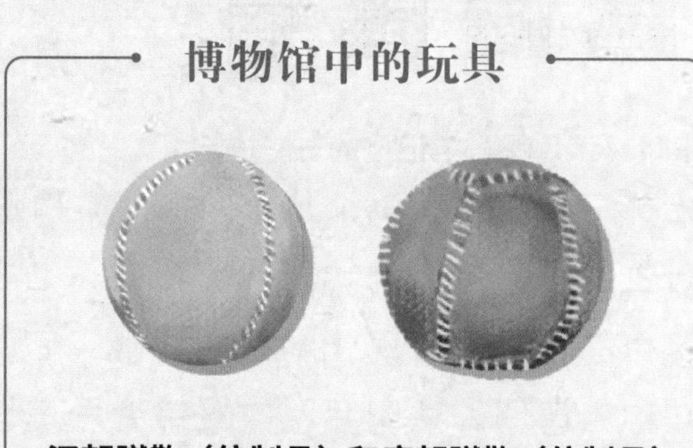

汉朝蹴鞠（仿制品）和唐朝蹴鞠（仿制品）
陕西体育博物馆藏

早在战国时期，一些城市居民就喜欢玩蹴鞠了。经过长期发展，到了唐宋时期，蹴鞠越来越流行。宋朝时，蹴鞠发展到了高峰，人们组建了专门的蹴鞠社，就像现在的职业足球队一样会定期组织比赛。

## 晚春感事（节选）

[宋] 陆游

少年骑马入咸阳，鹘似身轻蝶似狂；
蹴鞠场边万人看，秋千旗下一春忙。

在陆游的笔下，少年们骑马游春，浑身是劲儿，玩起蹴鞠来，场边有上万人观看。由此可见，在当时蹴鞠是风靡天下的国民运动，其火爆程度不亚于今天的足球联赛。

宋朝蹴鞠主要有两种玩法：一种类似现在的花式足球，人们用头、脚、肩膀等来控制蹴鞠做出各种花样动作，还要确保它不落地；另一种则有专门的比赛场地，由两支队伍进行竞技比拼，射中位于场地中央的圆形球门次数多的队伍获胜。

上面所说的第一种玩法，逐渐演化出了一种新的游戏——踢毽球。毽球，就是毽子，是在圆形的底座上插上鸡毛而做成的玩具。玩法是用脚或者身体其他部位踢起毽子，在确保毽子不落地的同时，做出各种花式动作。毽子在明清时期更加流行，逐渐取代了蹴鞠的地位。今天，山东省青州市花毽已经被列入了国家级非物质文化遗产名录。

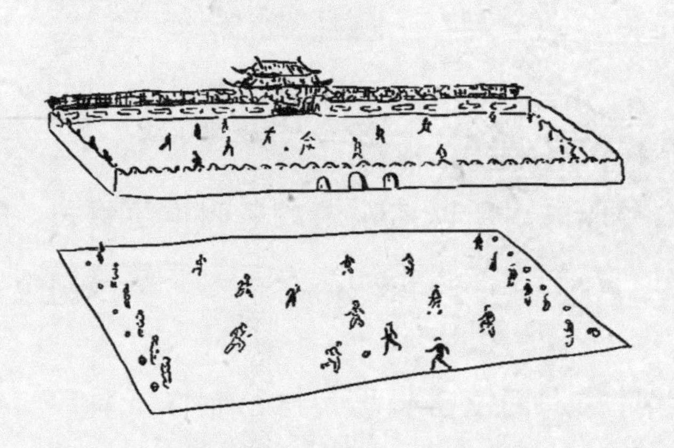

汉朝蹴鞠场地和竞赛示意图

如果在古代，我应该是一名“蹴鞠迷”。

好想回到过去，感受一下当时的火爆场面。

# 动动手，玩起来——枣磨与羊拐

宋朝《秋庭婴戏图》中的推枣磨游戏

宋朝画家苏汉臣的画作《秋庭婴戏图》中，有两个小孩子聚精会神地看着一个小小的天平样的东西，这就是心灵手巧的宋朝人发明的一种自制玩具——枣磨。把一颗枣的一半果肉削掉，漏出果核，然后用3根小棍插在枣下当底座；再把一根长木棍两头各插一颗枣——这就是枣磨的制作方法。

玩法是将插着两颗枣的长木棍放在漏出的果核尖上，推动其旋转，像推磨似的，所以这个游戏名叫推枣磨。这个游戏非常考验耐心和掌控力，力气小了推不动，力气大了枣磨就会滑脱。

从枣磨的诞生能够看出，当时的人们挖空心思为自己制作玩具，特别擅长利用身边随处可取的材料。其实很多玩具都是这样，起源于人们对身边物品的再利用。

沙包和羊拐

宋朝北方游牧民族把羊腿上的关节骨拿来玩耍，叫作羊拐，也叫贝石、嘎拉哈，一直流行到现代，今天很多北方的小伙伴还很喜欢玩这种玩具。

羊拐的玩法很多。一种玩法是将羊拐的四个面称为“真”“诡”“骚”“背”，两人分别投掷，“真”可以胜“诡”，“骚”“背”则不计胜负，是类似剪刀石头布的游戏。还有一种玩法是一次投掷4个羊拐，以投出4个相同的面为胜。抓拐的玩法更考验手速，两个人各投4个羊拐，然后轮流将一个沙包扔向空中再接住，在沙包腾空期间要快速将羊拐翻面，先把全部羊拐摆成同一面的为胜，如果沙包掉了或摆错了羊拐算输。

# 我们都爱木偶戏

木头或陶制作的玩偶，如果在身体某些部位做出关节，再加上丝线牵引，就可以在人的控制下动起来，这就是傀儡，也就是我们常说的木偶。大概在汉朝或者更早些时候，人们就发明了这种玩具。在宋朝及以后的艺术品、画作上常常可以看到孩子们聚在一起玩傀儡游戏的场面。

**原来如此**

**傀儡**

现在这个词比喻受人操控的人或组织（多用于政治方面）。比如，历史上那些没有权力、受到奸臣操控的皇帝，就是傀儡皇帝。傀儡，最初就是木偶，汉朝的时候主要用于红白喜事，到了隋唐时期流行用傀儡来表演戏剧。因为傀儡身不由己，只能任人使唤，所以这个词引申出了身不由己、受人操纵的含义。

古代傀儡玩具主要有 3 种：提线傀儡，通过丝线来控制傀儡的动作，人在傀儡上方操纵；杖头傀儡，通过结实的木杖来控制傀儡，人在傀儡下方操纵；布袋傀儡，直接套在人手上，通过人的手腕和手指来控制。

**博物馆中的玩具**

**宋朝三彩童子傀儡戏枕中的提线傀儡**
河南博物院藏

还有一类特殊的傀儡，叫药发傀儡，用火药燃烧产生的动力驱动木偶活动，同时伴随着烟花燃放，真是一场视觉盛宴！

药发木偶表演

渐渐地，人们发现傀儡不仅可以随意玩耍，而且很适合搭配音乐、剧情开展表演。在唐宋时期，傀儡戏已经非常兴盛，有专门的演出场所，一些傀儡戏表演者非常出名。

明清时期，傀儡戏逐渐走入广阔的乡村，获得了更大的发展，诞生了很多各具特色的艺术流派。

## 咏傀儡

[宋] 杨亿

鲍老当筵笑郭郎，笑他舞袖太郎当。
若教鲍老当筵舞，转更郎当舞袖长。

这首诗是杨亿观看傀儡戏（也就是木偶戏）之后所写，其中的“鲍老”和“郭郎”都是宋朝民间戏剧中的角色。诗的大意是，鲍老笑话郭郎跳舞的时候袖子宽宽大大的样子很滑稽，可是假如要让鲍老跳一段舞，他那袖子更加宽大邋遢，只怕是样子更滑稽呢。杨亿通过这首诗讲了一个道理，那就是没有自知之明的人只能看到别人身上的缺点，总是嘲笑别人，却不知反思自己。这首诗侧面向我们透露出宋朝时傀儡戏表演的情形。

清朝皮影戏逐渐盛行，这是从傀儡戏发展而来的一种表演形式。皮影戏，又称影子戏、灯影戏，所使用的道具是用兽皮或纸板做成的可活动的剪影，通过木杆操纵，表现原理和杖头傀儡一样。演出时，表演者在白色幕布后，用灯光把剪影照射在幕上，一边操纵影人一边唱，同时还有乐队演奏配乐。

## 博物馆中的玩具

**浙江海宁皮影人**
上海博物馆藏

**表演皮影戏的艺术家**

清朝时，皮影戏广泛流行于全国各地，有不同的艺术流派。今天，中国皮影戏入选了联合国教科文组织人类非物质文化遗产代表作名录。

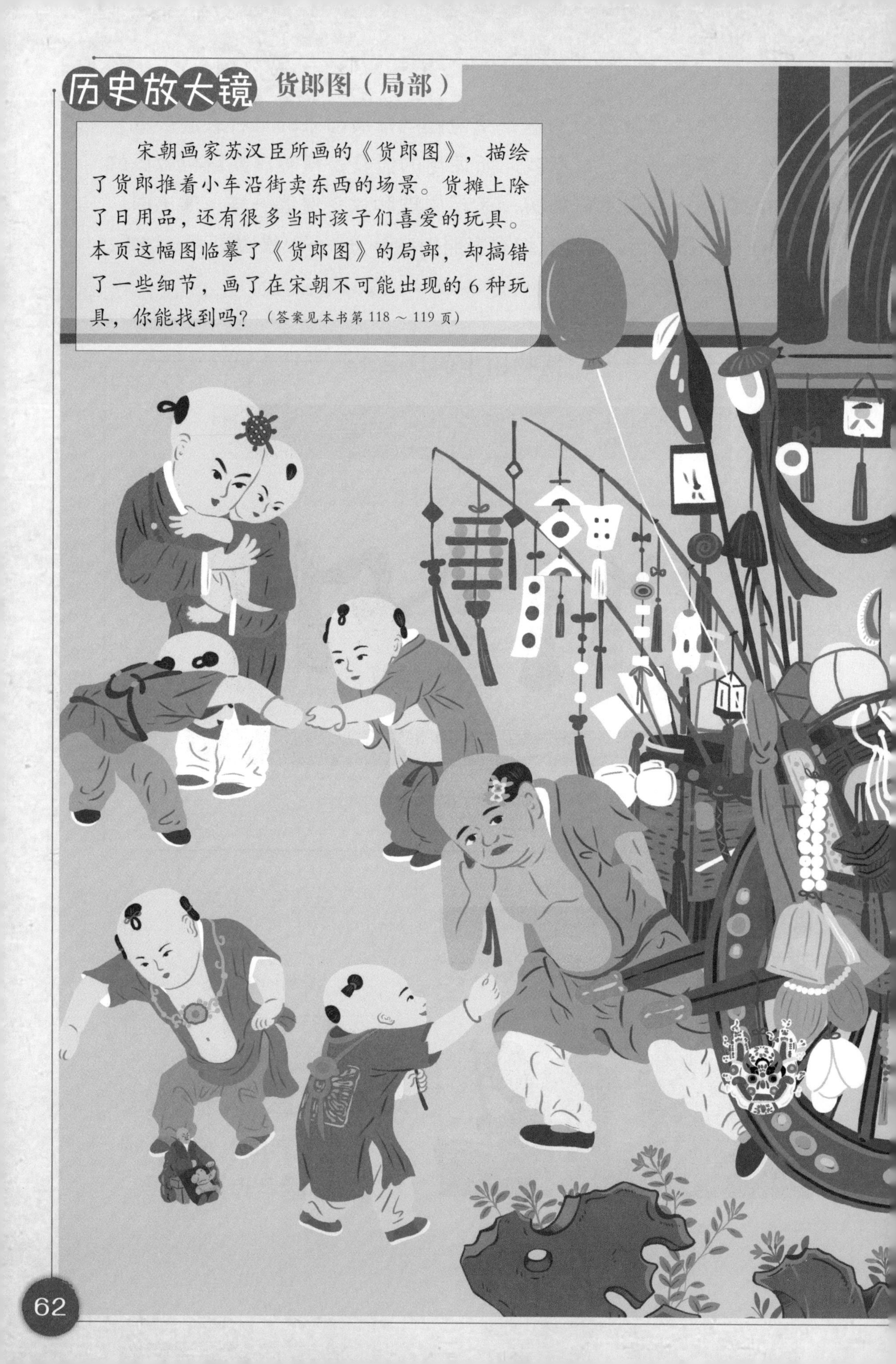

## 历史放大镜 货郎图（局部）

宋朝画家苏汉臣所画的《货郎图》，描绘了货郎推着小车沿街卖东西的场景。货摊上除了日用品，还有很多当时孩子们喜爱的玩具。本页这幅图临摹了《货郎图》的局部，却搞错了一些细节，画了在宋朝不可能出现的6种玩具，你能找到吗？（答案见本书第118～119页）

# 市井喧嚣，越玩越热闹

明清时期，商业和手工业持续进步，市场更加繁荣，很多玩具不仅种类更丰富，制作更精良，还形成了独特的品牌。这些品牌中的一部分延续到现在，成了难能可贵的非物质文化遗产。

这个时期，民间文化蓬勃发展，人们玩的花样就更多了。既有历史悠久的泥人泥塑，也有利用各种机械原理的动态玩具；既有耗费脑力的益智游戏九连环，也有热闹好玩的风车、扳不倒……

我喜欢哪部电视剧，就要收集它的整套周边产品，终于买到《红楼梦》的全套人偶了！
只能摆着看，有什么好的，瞧我的猴子能翻跟头呢！

我们这儿有泥人张全套《红楼梦》人物。
瞧见了吗？这猴子能翻跟头！

# 名牌泥人畅销南北

泥人，大概是人类玩过的最早、最久的玩具了，因为制作成本不高，充满了创作空间，可塑性极强，做成的玩偶又可以满足人们观赏、陪伴的需求，因此从古至今都没有失去市场。到了明清时期，各地的泥玩具融合了当地的民俗特色，形成了不同的艺术风格，产生了个性鲜明的地方品牌。

泥人还有地方品牌？不都是用泥巴捏后烧成的吗？最多就是上了颜色！
别小看泥人，那可是地方风俗、文化传统和艺术特色的结晶！你手上的两个泥人分别来自南方和北方，你分得清吗？

明清时期的著名泥玩具，首先要提到的就是江苏无锡的惠山泥人。手工捏制而成的精致惠山泥人被称为“细货”，品质精良、色泽明艳；模具压制而成的惠山泥人则被称为“粗货”，胜在价格便宜，非常受孩子们欢迎。

当时，每逢庙会、赶集、赶考等重要日子，小贩们就用盘子托着惠山泥人到处叫卖，杂货铺里也有卖的。就连乾隆皇帝下江南途经无锡时，也被惠山泥人吸引，带了数盘回京，后来存放在颐和园内。

有一类惠山泥人叫“小板戏”，是模仿戏台人物形象制作的。最典型的小板戏是“十八般兵器”，十八个小人个个戴盔披甲、手持兵刃，堪称古代的“兵人手办”。

惠山泥人

惠山泥人小板戏

惠山泥人中还有非常著名的“大阿福”，是一个健康可爱的胖娃娃。还有“对阿福”，就是一对男孩女孩，怀中各抱一只金毛狮子或者麒麟。传说很久以前，惠山上有几头凶狠的狮子经常吃人，人们很受困扰。一天，不知从哪里来了几个白白胖胖的小孩子，对着狮子一笑，狮子竟然就俯身投降了。后来人们就用泥塑了这些胖娃娃的形象，放在家里或者赠送他人，象征着吉祥平安。

惠山泥人大阿福

凤翔泥塑起源于周秦时期，盛行于唐朝，在明朝得到了进一步发展。凤翔泥塑的风格与惠山泥人大不相同。据说凤翔这个地方，在明清时期家家户户都会做泥塑，形成了一种地方特色。凤翔泥塑的色彩一般使用大红、大绿、桃红、品黄等，经过搭配形成色彩浓艳、生动夸张的视觉风格。题材有神话传说、历史典故、鸟兽虫鱼等，尤其擅长表现各种动物的形象，其中最具代表性的是虎头挂件。

凤翔泥塑虎头挂件

凤翔泥塑十二生肖（部分）

到了清朝时，南方和北方又分别发展出了新的泥人品牌。北方最具代表性的是天津泥人张。泥人张的创始人姓张，其技术主要在自家的子孙中传承，因此得名。泥人张最擅长的是各种人物像，常常根据戏剧创作一整套人物，惟妙惟肖。早在清朝时，就有外国人重金购买，拿回本国的博物馆中去展览。

**天津泥人张作品《红楼梦》人物**

在南方，离无锡不远的苏州，也发展出了一种特色泥塑，其造型细腻传神，很快就与惠山泥人齐名，被称为“虎丘泥人”。其中有一类“塑真”作品，也称为“捏相”，根据特定人物的面相现场制作，成品惟妙惟肖、形神兼备。

**虎丘泥人**

明清时期的特色泥塑还有山东的高密泥塑，广东潮州的大吴泥塑，河北的白沟泥塑、玉田泥塑等，其中很多都入选了国家级非物质文化遗产名录。

# 会动的玩具更有意思

泥玩具确实漂亮，不过我还是喜欢现在的电动玩具，能跑会动才有意思嘛！

明清时期会动的玩具也不少啊！


古代没有电动玩具，但是聪明的古人早就深谙各种机械原理，想尽一切办法让玩具动起来，发展到明清时期，会动的玩具真的很多。

清朝时，苏州虎丘有规模宏大、热闹繁华的玩具市场。玩具种类众多，堪称“玩具博览会”。人们把在这里买到的玩具统称为“虎丘耍货”，其中有普通的泥塑、竹木玩具等，但最有意思的是机关玩具。

## 皮老虎

“皮老虎”是一种发声玩具，材质众多，泥、竹、木、纸皆有，以泥塑居多。皮老虎身体里面有哨子，尾部有一条线。通过手拉控制线索，可以使皮老虎发出蛙鸣声、猫叫声、马蹄声等不同声音。

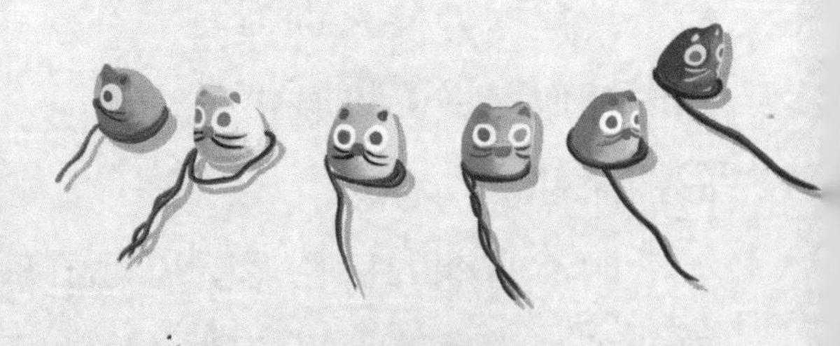

皮老虎

## 鬃人

清朝末年北京有一种能“自行”走动、打斗的兵人玩具，叫 “鬃人”，也叫 “盘中好戏” 。

鬃人

鬃人用泥捏成，穿着用纸或布做的衣服，一般是京剧里兵将的打扮，惟妙惟肖，手臂可以活动。鬃人底部粘了一圈短猪鬃毛，非常有弹性。游戏时，将数个鬃人放在铜盘上，轻轻敲击铜盘边缘，鬃人就会因振动而移动和晃动手臂，看起来就像在互相打斗一般。

## 竹龙

竹龙是把一节节的两头削成楔形的竹筒串联起来做成的龙形玩具，上面涂着彩色花纹。握住竹龙的尾巴摇晃，它就会摇头摆尾，像是活了一般。竹龙的尾巴是个哨子，可以吹响。南北各地都有竹龙玩具。

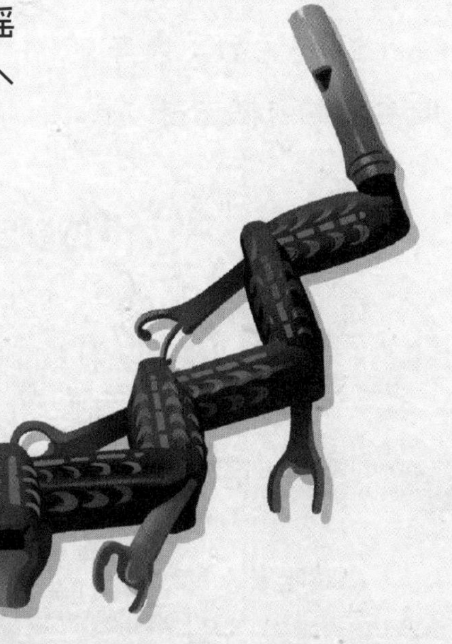

竹龙

## 风车

风车是一种利用风力使叶轮转动的玩具。早期的风车造型简单，比如宋朝有一种六角风车，是用 3 根短棍组合成的，6 端都粘着方形小旗，通过轴心和手柄相连，风吹动小旗带动风车旋转。除了六角风车，古代还有二角风车、四角风车、八角风车、十二角风车等。

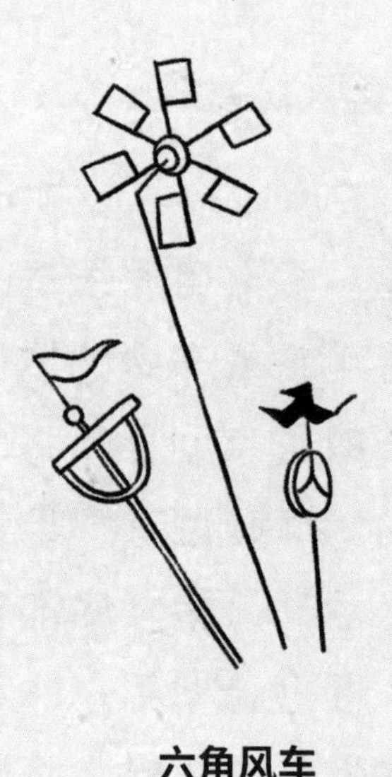

六角风车

明清时期，人们不再满足于单体风车，设计出越来越多的组合风车。比如清朝流行于北京地区的泥鼓风车，有的由三四十个单体风车组合而成。泥鼓风车的每个单体风车都做成车轮形，都配有一个黏土做的泥鼓，风车转动时会带动鼓槌击鼓发声。

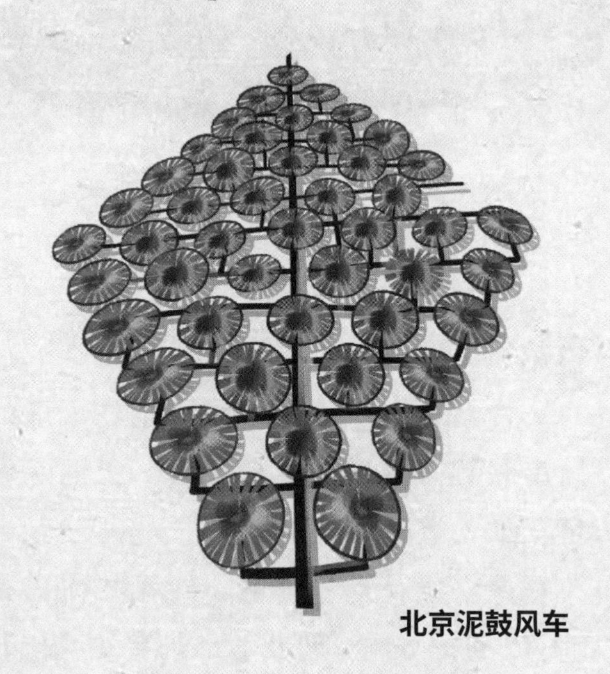

北京泥鼓风车

## 小鸡吃米

小鸡吃米是清朝时出现的一款玩具。这款玩具的制作方法是，在圆形木板上摆放几只木头小鸡，小鸡的头部是可以活动的。用线牵住鸡头，把线穿过木板，拴在木板下面的一个小坠球上，再用手晃动木板，坠球运动带动小鸡点头，鸡嘴敲在木板上发出嘟嘟的声音，犹如小鸡吃米。

小鸡吃米

## 跟斗猴

跟斗猴又叫猴子翻杆，中国传统的民间玩具，用木头做出小猴子，用线连接四肢和身体，把做好的小猴子装在木头或竹子做的小架子上，只要轻轻晃动，猴子就会翻跟头，或顺着杆向上爬，这款玩具主要利用了杠杆原理，让猴子可以自由运动。

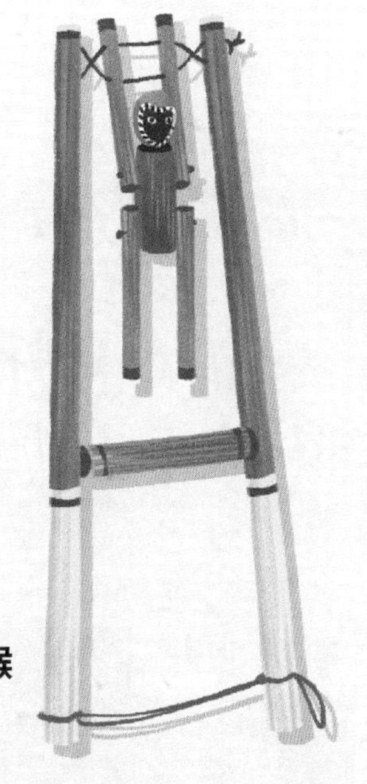

跟斗猴

几种不倒翁

## 不倒翁

适合两岁以下的孩子玩的玩具，还会动的，那就是不倒翁了。

不倒翁在唐朝就有了，只不过那时候并不是给孩子玩的，而是酒席上用来劝酒的一种工具，名叫酒胡子。到了明清时期，酒胡子这个好玩的东西变成了孩子的玩具。不倒翁一般都是人形的，常常是小丑或者胖和尚的形象，滑稽可笑、憨态可掬，身子圆乎乎的，头轻脚重，怎么扳都不倒，所以民间又叫它“扳不倒”。

# 动脑和健身

也许你喜欢促使人动脑的玩具，觉得只动手没意思，在清朝，你的需求也可以得到满足，只要来一套九连环玩具就行了。

## 原来如此

**连环**

你看过连环画吗？就是由连续排列的多幅画组成的一个故事；你也许听说过连环计，指一系列相互串联的计谋，在《三国演义》中就有体现。“连环”这个词是什么意思呢？指一个套一个地连接在一起的一串环，比喻事物或者事件一个接着一个相互关联的关系。

连环玩具的雏形，可以追溯到原始社会。目前发现的最早的连环玩具是新石器时代的红陶双连环，由两个红陶圆环套在一起组成，圆环表面有纹路作为装饰。这件玩具上有明显的磨损痕迹，当初一定是某个孩子的心爱之物吧。

## 博物馆中的玩具

**红陶双连环**
陕西省考古研究院藏

除了双连环，还有五连环、七连环、十三连环等。其中九连环最具代表性，其构造是将九个金属圆环套在横板或框架上，玩法是将九个金属圆环全部解开或组合成固定形状。

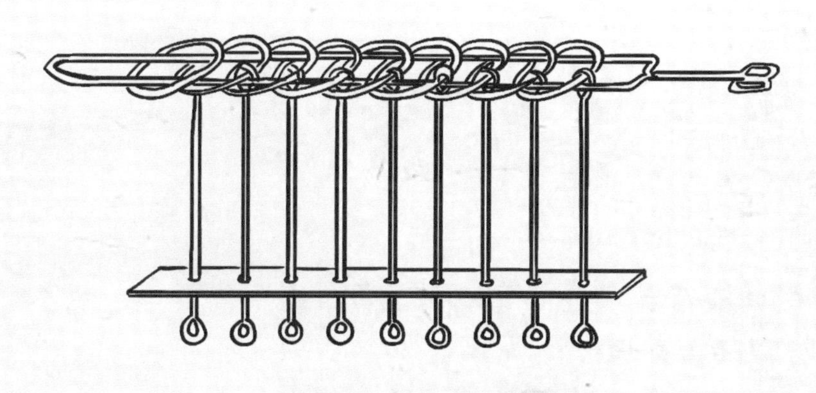

清朝文献中的九连环图

明清时期，九连环受到上自皇帝贵族，下至平民百姓的喜爱。清朝著名文学家曹雪芹在《红楼梦》里写过林黛玉玩九连环的情节。相传在康熙皇帝六十大寿的时候，他的一个孙女就送了一套玉制的九连环给康熙作为贺礼。

明朝时，九连环从中国传到了欧洲。1550 年，巴黎刊行的数学文献将九连环视为“中国的数学难题”加以讨论。现代研究表明，九连环的解法和电脑的部分原理是相通的，其中包含着精妙的数学原理，有人将九连环称为人类所发明的最具奥妙的玩具之一。

动脑的同时别忘了健身，在明朝流行的一种健身玩具“空钟”，可千万不要错过。空钟即空竹。据说空竹最早可以追溯到汉朝或宋朝，它是受了陀螺的启发而发明出来的，因为用竹子截成竹筒制作、中间空心而得名，高速旋转时会发出哨声。

空竹有单轮和双轮之分，现在最常见的类似腰鼓形状的就是双轮空竹。玩法是利用两根用线系在一起的竹棍来操纵空竹，使它在绳上旋转抖动。清朝是玩空竹的鼎盛时期，庙会上大多有抖空竹表演，皇宫里和贵族家里也有很多抖空竹爱好者。

抖空竹

# 不用电的“音响”玩具

在明清时期，民间流行着一些“音响”玩具，既不需要电，也不是真正的乐器，但发出的声音却悦耳动听。

泥咕咕是源自河南的一种泥哨，一般是动物形状，在适当的部位打眼通孔，可以吹出不同的声音。最典型的是斑鸠的样子，嘴巴处打孔，能吹出咕咕的声音，难怪这种泥哨叫“泥咕咕”。

泥咕咕

陕西有一种类似的玩具叫“泥叫叫”，吹出的声音更加宽阔高亢，形态有戏剧人物、飞禽走兽等。

泥叫叫

贵州也有类似的玩具叫黄平泥哨，出现于民国时期，是苗族人的特色“音响”玩具，色彩绚丽，多是小动物的样子，十分可爱。

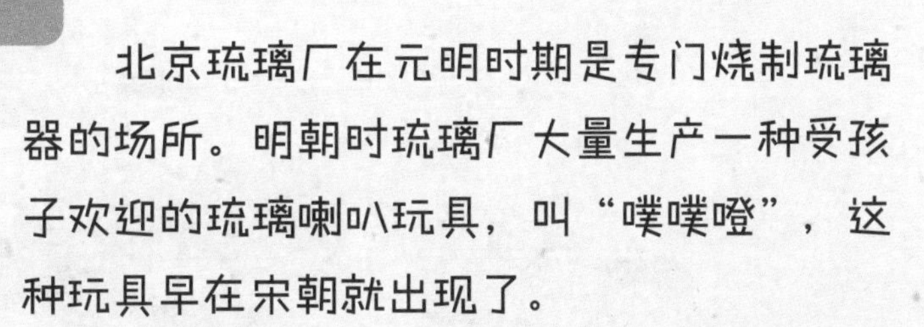

黄平泥哨

虽然古时候没有电台节目、音频软件，可这些“音响”玩具也十分精彩！

北京琉璃厂在元明时期是专门烧制琉璃器的场所。明朝时琉璃厂大量生产一种受孩子欢迎的琉璃喇叭玩具，叫“噗噗噔”，这种玩具早在宋朝就出现了。

“噗噗噔”外表像葫芦，有长长窄窄的直嘴和薄薄的底，底部稍有凹进，吹气的时候底部随着气压变化而抖动，发出嘭嘭的声音。“噗噗噔”虽然好玩，却很易碎，有点儿危险。也许是这个原因，到了清末，这种玩具就逐渐消失了。

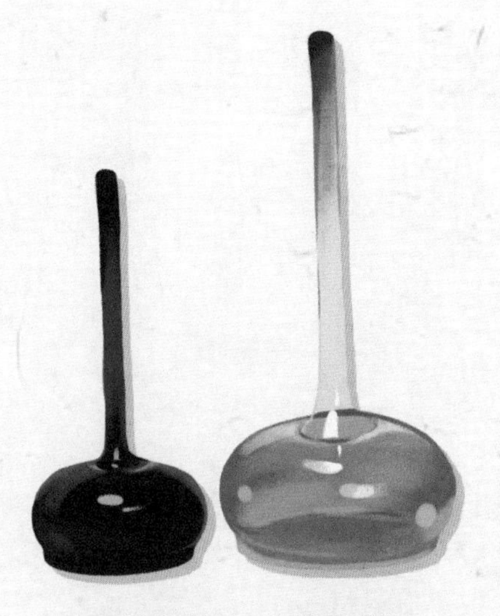

**现代仿制的“噗噗噔”**

吹“噗噗噔”需要一定的技巧。

## 历史放大镜 明宪宗元宵行乐图（局部）

《明宪宗元宵行乐图》是明朝的一位不知名的画家所画，表现了明宪宗时期皇宫里的人们欢庆元宵节的场景，其中有很多玩具。本页临摹图中存在一些错误，出现了5种在明朝还没有出现的玩具，你能找到吗？（答案见本书第118～119页）

# 从晚清到民国

# 新旧交织，中外融合

从清朝晚期开始，很多西方科学技术传入我国，一批新颖的外国玩具也随之而来。受到启发，一批优秀的中国设计师，融合传统玩具和西方玩具的长处，设计出很多很有特色的玩具。不过，由于当时国家衰落，大多数新式玩具只在上海等少数发达地区流行。我们一起看一看从晚清到民国这一时期的孩子们都玩什么吧。

没准儿再过100年，到处都是比这个还复杂的玩具，人人都有随身携带的风扇呢！
这个从欧洲带回来的新鲜玩具，拼装起来真是太难了，说明书还是洋文，再过100年，我也拼不上！
这是现在最新的玩意儿，比扇子方便、凉快多了！不过这很金贵，千万别弄坏了。

# 机关玩具大发展

## 饮水鸟

饮水鸟是大约在民国时期出现的一种玩具，可以自动重复饮水的动作，好像永远不会停下一样。饮水鸟很快传到国外，连大科学家爱因斯坦都惊叹不已。

饮水鸟的神奇奥秘是什么？原来，在玻璃制成的鸟身内有两个通过细管连通的空心玻璃球，鸟头玻璃球内有乙醚蒸汽，而鸟腹玻璃球内有乙醚液体。当鸟嘴上沾水时，水会被吸附到包裹鸟头的布上，随后水自然蒸发带走热量，让鸟头玻璃球内的乙醚蒸汽遇冷并气压下降，鸟腹玻璃球内的乙醚液体随之上升，导致饮水鸟重心变高而前倾，鸟嘴下落沾到小杯子里的水，同时两个玻璃球内因为乙醚蒸汽流通让压力恢复平衡，乙醚液体向下流回鸟腹玻璃球内，重心再度回到原位，饮水鸟自动回正。就这样周而复始，只要杯子里有水，饮水鸟就能巧妙利用物理学原理而一直活动。

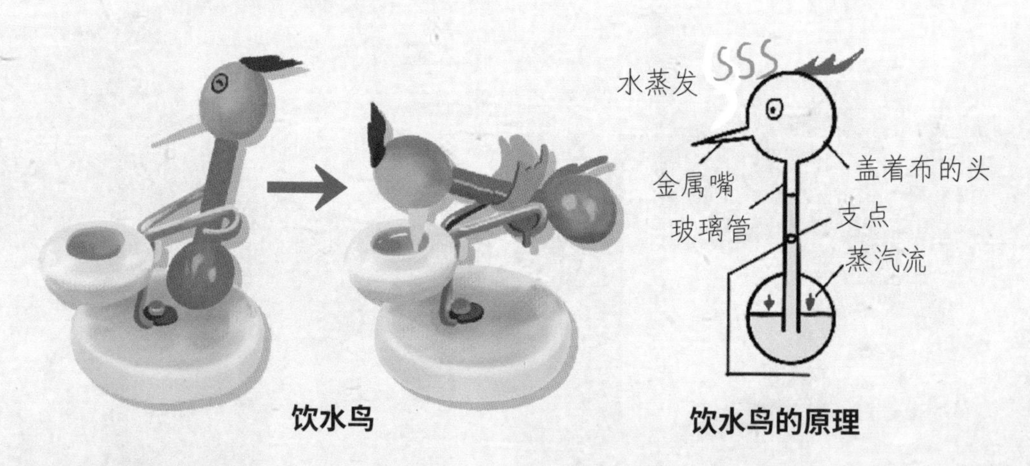


饮水鸟　　饮水鸟的原理

## 发条铁皮玩具

一只绿油油的发条铁皮青蛙，只要拧紧发条后松手，就会蹦蹦跳跳前进——这只青蛙已经将近100岁啦！发条铁皮青蛙诞生于民国时期，由上海康元制罐厂（后来的上海康元玩具厂）设计制造，是当时国产玩具里的著名品牌，被誉为“民国玩具之王”。

除了发条铁皮青蛙，上海康元制罐厂还设计了同样会跳的发条铁皮小鸡、发条铁皮麻雀和会游泳的发条铁皮小鸭，合称为“三跳一游”。近100年来，这些蹦蹦跳跳的铁皮玩具，陪伴了一代又一代孩子们的童年。

**博物馆中的玩具**

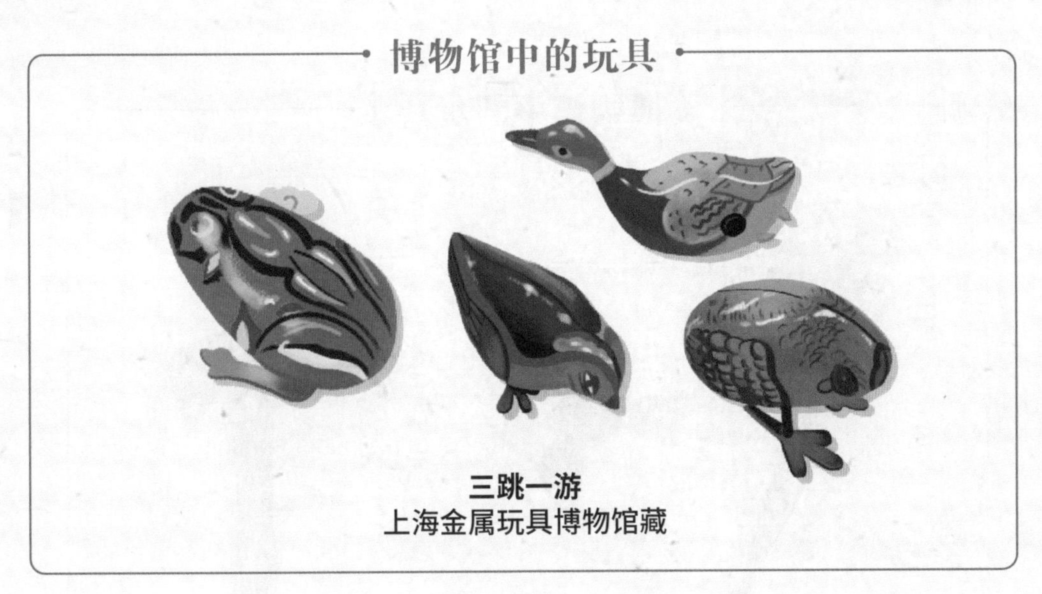

**三跳一游**
上海金属玩具博物馆藏

**翻顶机械人**

这是清朝皇宫里收藏的一款机械人，由法国制造。机械人是京剧里的武丑打扮，用发条上弦后，会在戏台上表演腾空翻体等杂技动作。据说清朝皇宫里曾有过18个成套的机械人，能一起表演剧目《西厢记》。

**翻顶机械人**

这些机械人能做出复杂的动作，是应用了和钟表相近的机械原理。

### 手摇风扇

手摇风扇只比手掌略大，用手按压手柄或按钮，即可带动内附的齿轮装置，驱动扇叶送来阵阵凉风，是非常实用的工具，也是孩子们夏天里的好玩具。不过，当时普通人家的孩子很难拥有这种昂贵的玩具。

博物馆中的玩具

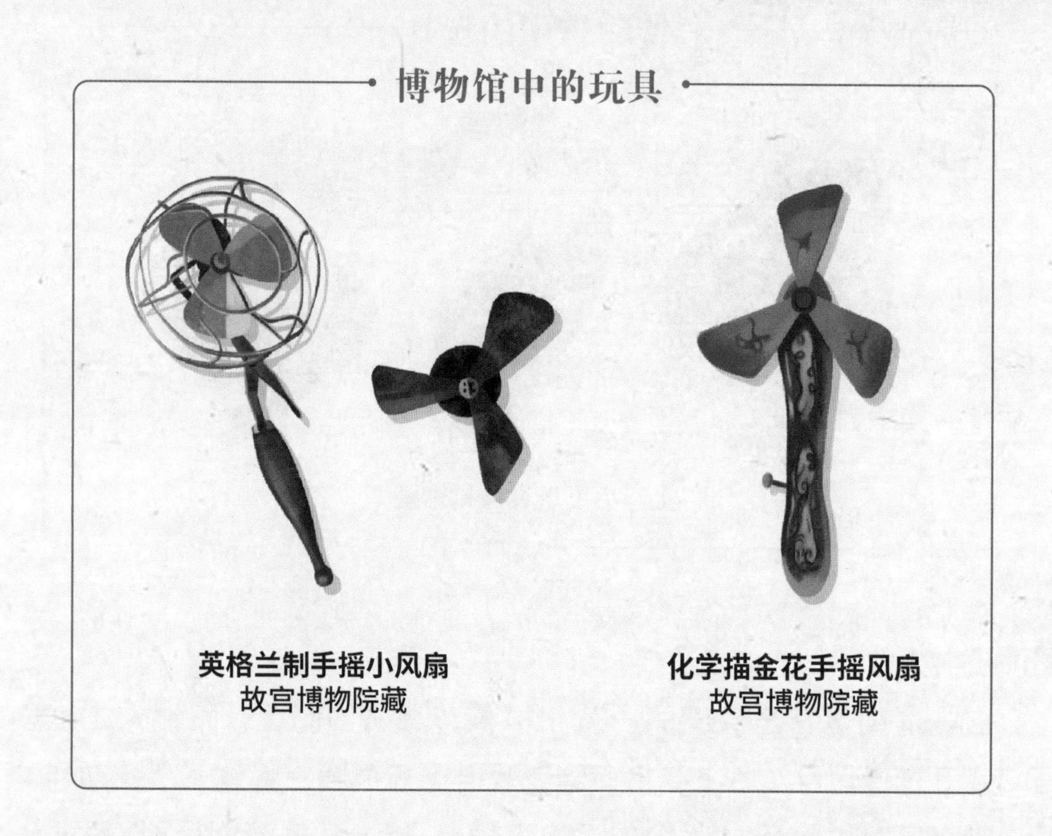

英格兰制手摇小风扇
故宫博物院藏

化学描金花手摇风扇
故宫博物院藏

## 铁皮玩具的新品种——车船枪械

随着火车、汽车、轮船、飞机的发明，这些新式交通工具也迅速成为受欢迎的玩具题材。这类玩具样式众多，主要是铁皮玩具。

## 博物馆中的玩具

**发条铁皮汽车**
上海金属玩具博物馆藏

**上海康元制罐厂**
**生产的铁皮发条飞机玩具**

车船玩具普遍可以活动。有的有可活动的轮子，需要用手来推动；有的可以通过拧发条来驱动。

清朝的末代皇帝溥仪小时候也玩过火车玩具。全套玩具由火车头、车厢和铁轨组成，铁轨可以拼接延伸，火车头内的轮机用酒精做燃料，驱动玩具火车在铁路上飞驰。

## 博物馆中的玩具

**小火车**
故宫博物院藏

当时最受欢迎的玩具，除了车船，还有军事玩具。近代，我们国家内外交困，遭受了西方列强和日本帝国主义的压迫和侵略，所以哪怕小小的孩子，也知道要保家卫国。这一时期大受欢迎的军事玩具，包括枪支、军刀、坦克、大炮、军舰等模型以及一些玩具兵模型。

民国时期的金属玩具枪

上海康元制罐厂
生产的铁皮发火机关枪玩具

## 西洋乐器玩起来

美妙的音乐给人们带来愉悦感，乐器可以供孩子们练习，也有专门设计的乐器玩具供孩子们玩耍。乐器玩具结构简单、上手容易，成了很多孩子的音乐启蒙老师。

当时常见的乐器玩具基本都是西洋乐器，比如玩具风琴、玩具手琴、玩具笛等。

玩具笛

清朝皇宫里收藏了一些八音盒和鸟音笼的乐器玩具。八音盒，多来自遥远的瑞士，只要上弦就能自动播放乐曲，也是应用了和钟表相近的机械原理。鸟音笼的底座内有播放音乐及控制小鸟活动的机械装置，启动以后，播放音乐的同时小鸟会边鸣叫边转身。

### 博物馆中的玩具

**八音盒和鸟音笼**
故宫博物院藏

民国时期有一种特殊的乐器玩具——“勿忘国耻”铁皮鼓，上面印有“勿忘国耻”的字样。这件玩具诞生在帝国主义加紧侵略中国的动荡时期，蕴含着人们铭记历史教训、争取民族独立的坚强意志。

### 博物馆中的玩具

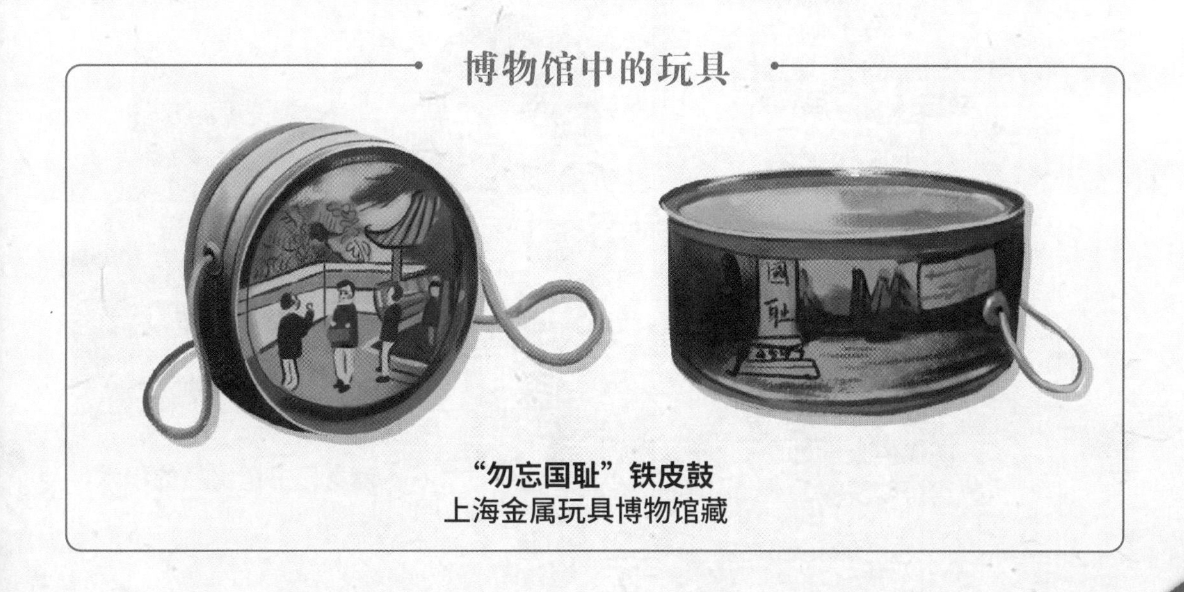


**“勿忘国耻”铁皮鼓**
上海金属玩具博物馆藏

# 益智玩具更多啦

民国时期益智玩具的种类繁多，除了传统的七巧板、九连环，还出现了益智穿线板、积木等新品种玩具。

益智穿线板，玩法是用彩色线在木板的圆孔中穿线，随心所欲地组合成各种图形，如三角形、方形、多边形等，可以锻炼孩子们的想象力和图形思维能力。

积木是非常受欢迎的益智玩具。当时有建筑积木、交通积木等种类。其中一种“六面画”（也叫“六面图”）积木广为流行，由 12 块正方体积木组成，每块积木的 6 个面上都画有图案，可以拼成 6 幅图画。

## 博物馆中的玩具

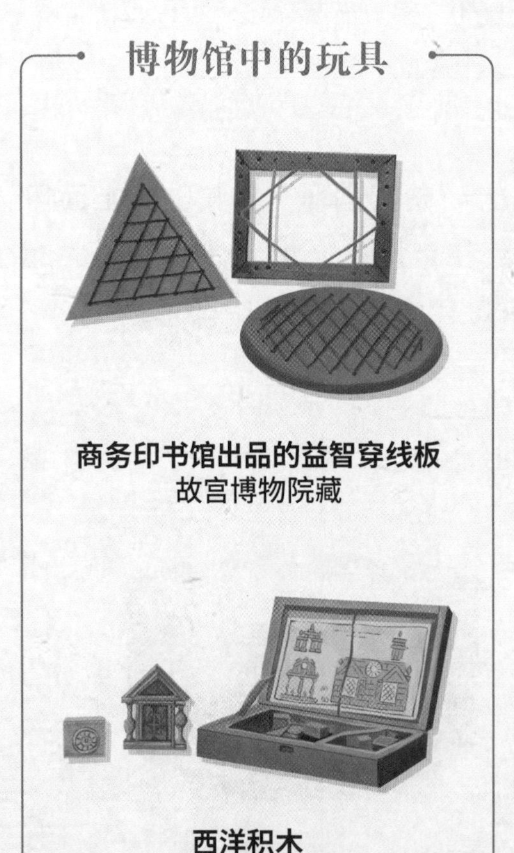

商务印书馆出品的益智穿线板
故宫博物院藏

西洋积木
故宫博物院藏

你知道吗？商务印书馆除了是我国著名的出版社，在近代还是大名鼎鼎的玩具制造商，尤其精于启蒙益智玩具的设计制造。

商务印书馆出品的积木

1908 年，商务印书馆推出第一套儿童识字玩具《五彩精图方字》，之后十几年共推出 200 多款玩具。

还有类似积木的积铁玩具，由不同的铁质组件构成，可以拼接在一起，组成各种物件。

英国生产的麦卡诺牌积铁玩具，拼出了一台拖拉机。

**民国时期的国产积铁玩具**

彩色竹圈是著名儿童教育家陈鹤琴在民国时期设计的一种益智玩具，由一节节圆形、半圆形、四分之一圆形的小竹圈组成，都涂了鲜艳的颜色，可以拼接成不同的图形。彩色竹圈既有益智作用，又蕴含着中华民族的民族特色。

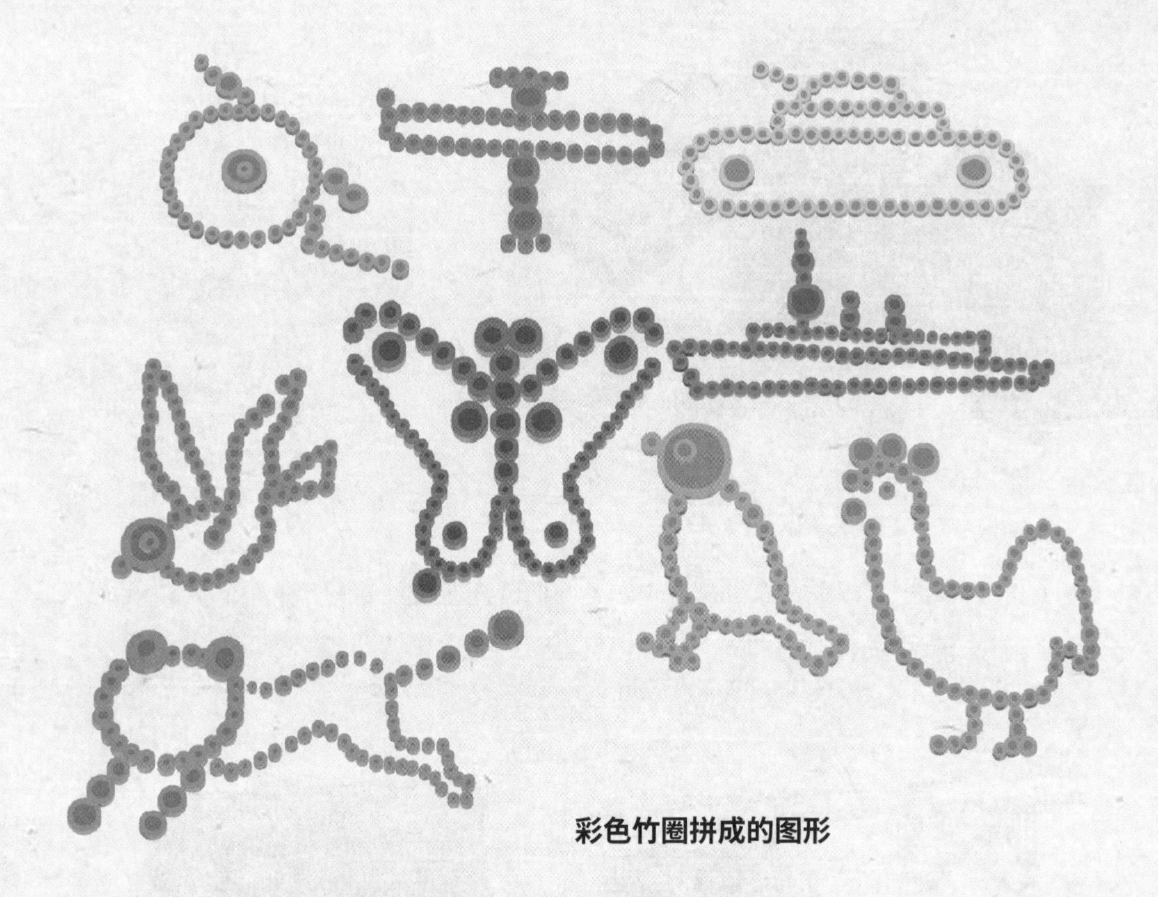

彩色竹圈拼成的图形

华容道，是与七巧板、九连环齐名的传统益智玩具，但出现年代较晚，大约在近代才流行开来。华容道取材于三国故事，是一种滑块游戏玩具，玩家需要移动不同形状、不同大小的板块，使标着“曹操”的板块移动到出口处。其解法复杂多变，现代人用计算机辅助，最终证明最快也需要 81 步才能解开。

华容道

# 西洋镜、万花筒和洋娃娃

西洋镜和万花筒都是应用光学原理的视觉玩具。

西洋镜，也叫拉洋片，人们可以通过西洋镜上的观察孔，看到里面播放的各种画片。这些画片大多画着外国的风土人情，很像现在的幻灯片。在电影出现之前，看西洋镜是很受欢迎的视觉娱乐。

看西洋镜的孩子

万花筒是一个筒状的玩具，里面藏着一个三棱镜和一些彩色玻璃碎片。这些碎片经过三棱镜反射，呈现出花一样的图案。将万花筒轻轻一晃或稍微旋转，碎片一动，图案随之变化。人们通过万花筒的观察孔，可以看到千变万化的美丽图案。

商务印书馆出品的铁皮万花筒

从万花筒中看到的图案

清末民初，从西方传来了洋娃娃，也叫洋囡囡，有别于中国传统的布娃娃，一般用赛璐珞（塑料的一种）制作，眼睛能睁闭，四肢可以活动，制作非常精美，深受孩子们喜欢。

后来，位于上海的大中华赛璐珞制造厂，生产出了国产的玩具娃娃。

大中华赛璐珞制造厂生产的玩具娃娃

# 科技发展，越玩越新潮

现在，科技快速发展，我们的生活日新月异，玩具的发展也很快。今天的玩具更新鲜、更有趣、更丰富，很多尖端科技在玩具中也有所应用。

与此同时，很多传统玩具也没有被人们抛弃，原因不仅仅在于它们的款式发展得更新潮或是外表被设计得更炫目，更在于它们所带来的愉悦和温暖。

我小时候玩的木马和不倒翁都还留着，快成为“古董”了，是爷爷送给我的，也许我可以传给我的孙子。
有了这么多新玩具，我们还是忘不了旧玩具。未来的玩具会越来越多，越来越好玩吧！

# 简单游戏，美好童年

中华人民共和国刚成立时，百废待兴，人们的物质生活相对匮乏，玩具也比较少，可是挡不住孩子们一颗要玩耍、要欢度童年的心啊。于是，市面上出现了很多自制的玩具，比如折纸、弹弓、毽子、铁环、皮筋等。虽然这些玩具样式简单，但是游戏的乐趣不减。直到今天，打弹珠、滚铁环、跳皮筋等还是很多人记忆里最美好的部分。

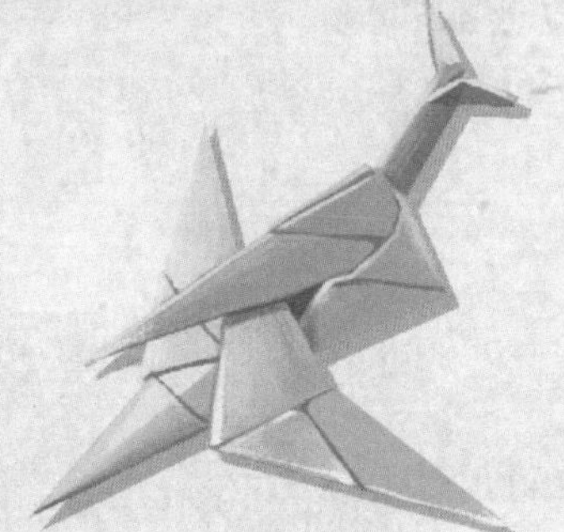

折纸

弹弓

**打弹珠：**用手指弹玻璃珠击打其他玻璃珠的游戏。

踢毽子

**滚铁环：**用一根头部呈“U”字形的铁棍推动铁环向前滚动的游戏。

**跳皮筋：**在绷直的、有弹性的皮筋上边蹦边唱的游戏。

20世纪五六十年代，一批玩具工厂陆续建立，一开始主要生产木质玩具，以上海、北京、天津、苏州等地的玩具厂最为著名。

**飞机造型的木质鲁班锁**
鲁班锁是一种应用榫卯结构的传统益智玩具。

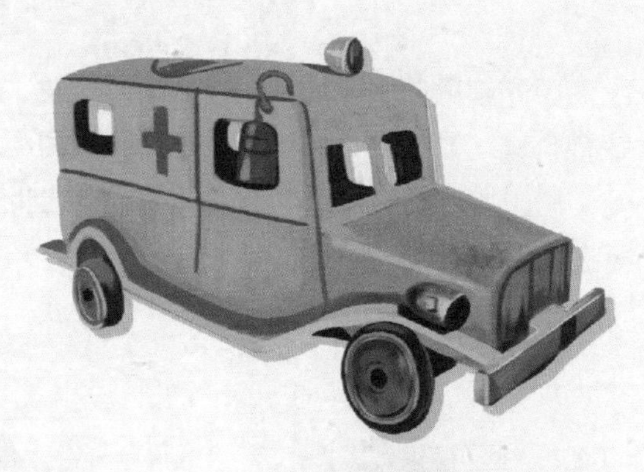

**木质玩具救护车**

**木质玩具拖拉船**

**木质摇马**

20世纪六七十年代，随着玩具工业的发展，曾经小范围流行的铁皮玩具、赛璐珞玩具等再度焕发生机，搪塑（软塑料）玩具、毛绒玩具等新品种也出现了，这些机器生产的玩具逐渐取代了手工玩具。

**上海康元制罐厂出品的升线猴：**通过拉扯绳子，使猴子爬上爬下表演杂技，这是当时的爆款玩具。

**铁皮汽车：**造型模仿中华人民共和国生产的第一辆汽车——解放牌卡车。

**过家家用的铁皮玩具**

**赛璐珞玩具**

**搪塑玩具**

**毛绒玩具**

# 中西结合，玩具更丰富

随着改革开放的春风吹遍神州大地，20 世纪八九十年代的玩具，更加呈现出中西方结合的特点，种类越来越丰富多彩。

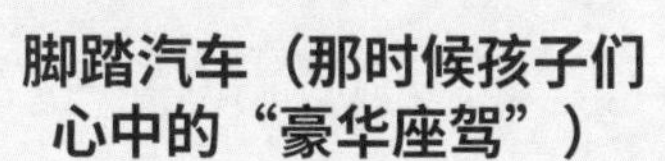

脚踏汽车（那时候孩子们心中的“豪华座驾”）

“扳不倒”娃娃和时装娃娃

前进时不容易翻倒的安全自行车

20 世纪 80 年代，随着电视机的普及，很多外国动画片进入孩子们的世界。到了 90 年代，更多的外国动画片热播。以这些动画片为主题的玩具非常流行。

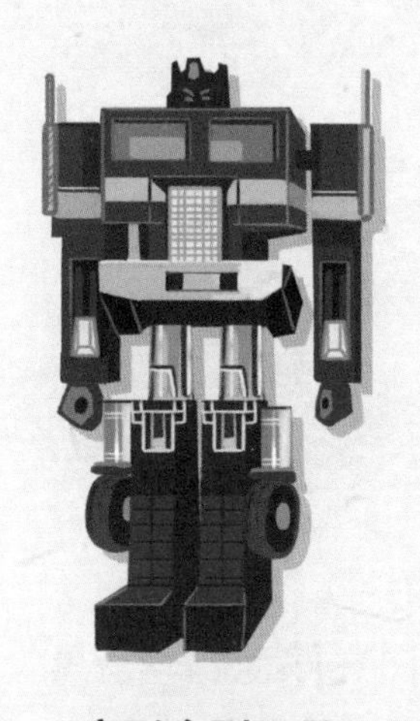

变形金刚玩具

米老鼠玩具

铁臂阿童木玩具

哆啦 A 梦玩具

圣斗士星矢玩具

四驱车玩具

忍者神龟玩具

国产动画片主题玩具也非常受欢迎，如《黑猫警长》《葫芦娃》《舒克和贝塔》《三毛流浪记》等。以《西游记》《济公》等经典民间故事为题材的玩具也很常见。

黑猫警长玩具

葫芦娃玩具

西游记玩具

三毛流浪记玩具

舒克和贝塔玩具

这一时期，玩具的动力获得了升级，使用电池的电动玩具逐渐取代了发条玩具、惯性玩具。

电子游戏机等电子玩具出现了，包括经典的俄罗斯方块等游戏。随着电子技术的发展，各类游戏机、电子宠物、智能模型、遥控汽车层出不穷。

现在依然有售的电动钓鱼盘

游戏机

## 新创意，新科技

每个年代流行的玩具都不一样。到了 21 世纪，流行的动画片变了，国产动画片和动漫品牌逐渐崛起，以动画片为主题的玩具也随之改变。

超级飞侠玩具

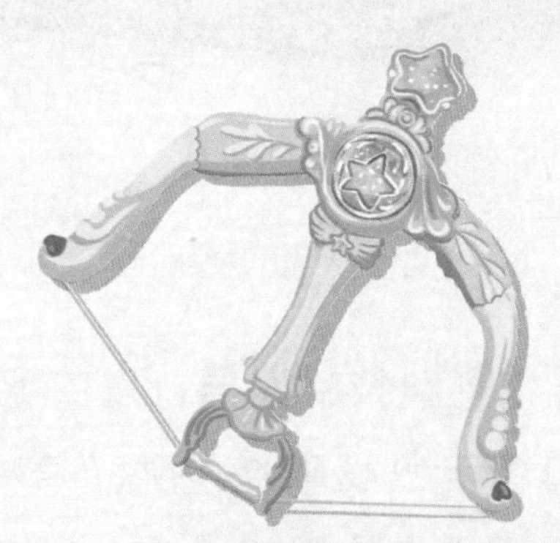

巴啦啦小魔仙玩具

进入 21 世纪，玩具越来越富有科技含量。随着电子技术和智能技术的进步，无人飞机、遥控模型、智能机器人等，成了大人小孩都触手可及的玩具。

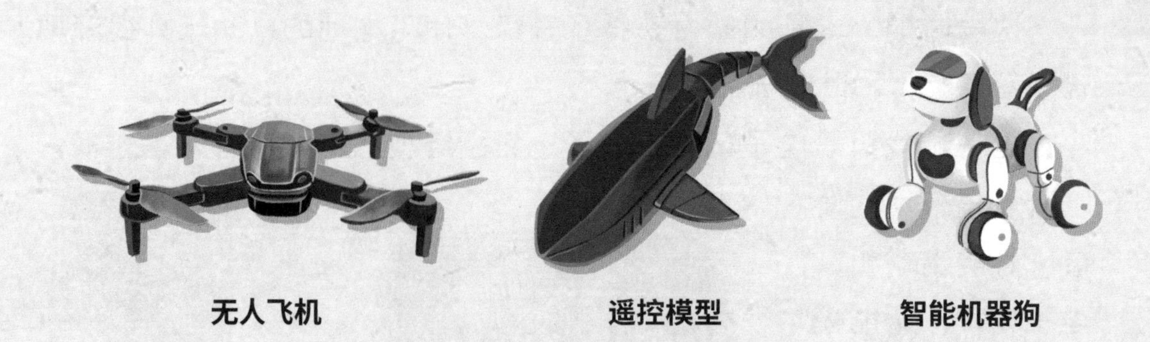

无人飞机　　遥控模型　　智能机器狗

同时，可以千变万化的积木、益智的鲁班锁等传统玩具也依然受到欢迎。随着中国风越来越流行，泥人、糖画、围棋、风筝、七巧板等传统玩具依然有着勃勃生机，受到孩子们的喜爱。

拼插积木　　国风文创玩具

随着信息科技的发展、人工智能技术的进步，不管大人还是孩子，都喜欢捧着手机或平板电脑，享受充满科技含量、互动性强、趣味性强的网络游戏。但是，人们的快乐不是源于单一的游戏类型，更不会被科技牵制，丰富多彩的选择才是快乐的源泉。动手、动脑、参与其中的乐趣在任何时候都不会过时。这也是传统玩具在今天仍然会打动我们的原因。尽情拥抱传统，同时享受最新科技，这是时代赋予我们的权利。

我觉得还是现在的孩子比较幸福，高科技让玩具上天入海！
没有传统玩具，就不会有现代玩具，玩具也积累了一代代人的智慧！

节庆特辑

# 一年到头，玩具大不同

大家都喜欢过节。对于中国人来说，春节、元宵节、端午节、七夕节、中秋节等都是重要的传统节日。过节时，既有季节的转换、自然风物的变化，又充满着各种各样的节庆氛围，人们还可以享受各种美食和有趣的玩具。

不同的节日风俗和节庆玩具，都是在历史发展中逐渐形成的。今天，我们继承了这些美好的节日风俗，也继续在这些特殊的日子里，跟古时候的孩子们同玩一种玩具，共享一样的快乐。

回老家过年真好！这里不禁放爆竹，只要注意安全，就可以放个够。

我不明白，这明明是爆烟花，为什么叫爆竹呢？明明跟竹子没有关系嘛！

爆竹，就是点火后
爆炸的竹子，多么
形象啊！
国泰民安
民安百姓欢

# 春节的烟花、爆竹

烟花和爆竹都是通过火药的燃烧和爆炸产生亮光、声响的玩具。古时候的人们认为，在一年之始、辞旧迎新的时候燃放烟花爆竹，可以祛除邪祟、祈求幸福，也可以为新春佳节渲染气氛。

## 元日

[宋] 王安石

爆竹声中一岁除，春风送暖入屠苏。
千门万户曈曈日，总把新桃换旧符。

北宋诗人王安石的这首《元日》很直接地描述了宋朝的人们过新年的活动：放鞭炮、挂桃符。那么鞭炮为什么又叫爆竹呢？

原来最早的爆竹真的是“爆炸的竹子”：将竹子放进火中，遇热的竹子会发出爆裂声。宋朝以前，人们大多用这种爆竹。到了宋朝，人们用纸包裹火药制出了跟现在类似的爆竹。当时庆祝新年时，家家户户都要放爆竹。爆竹声响起时，人们欢呼“大熟”，期盼来年庄稼丰收。

在明朝，人们从除夕到元宵都要放爆竹，皇宫中也不例外。皇家爆竹有时是白色圆柱体，中间系着红绳，燃放时声音洪亮。

明朝《明宪宗元宵行乐图》中元宵节宫中放烟花爆竹的情形

清朝的皇宫里将爆竹称为炮仗。从腊月下旬开始，皇帝走到哪儿，都要先放炮仗，以示除旧去邪、平安迎新。听见炮仗声，宫人就知道皇帝来了。民间放爆竹的热情也很高，尤其是孩子们最喜欢点炮仗。过年时，有钱人家放一长串的千竿爆竹，因为像鞭子，所以也叫鞭炮；穷人家也放一两个小爆竹，以祛灾祈福。二踢脚爆竹在明朝已经出现，至少也有四五百年的历史了，它也叫双响，纸筒内的火药分为上下两层，燃放时下层火药先爆，同时将上层火药送到空中，上层火药在空中再爆炸。

烟花是在爆竹的基础上发明的，最早可追溯到唐朝。宋朝有两种烟花：一种是把火药等装入纸筒或泥筒里，点燃后能喷射五颜六色的火花；还有一种称为药线，将火药等涂抹在金属丝上，再将金属丝编织成动植物、建筑等图案，点燃时图案会呈现。

清朝民间画中放爆竹和卖爆竹的场景

明朝时，药线变得越来越复杂，称为盒子花，将编排好的药线放入盒子里，多个盒子放在架子上，燃放时盒子里的药线逐层引燃，依次呈现出不同的图案效果。

清朝时，每逢春节皇家都有大型烟花表演。最壮观的大型烟花叫“万国乐春台”，由3万多个大小烟花爆竹组合而成，燃放时万响齐鸣、焰光冲天，老百姓直接形象地称呼其为“炮打襄阳城”。

不过，因为燃放烟花爆竹有一定的安全隐患，现在国家出台了《烟花爆竹安全管理条例》，对于烟花爆竹的生产、售卖、运输和燃放都有明确的规定。我们要遵守法律法规，不能随便玩烟花、放爆竹。

## 元宵节的花灯

正月十五元宵节，最常见的玩具就是五彩缤纷的花灯啦。在古代，我国各地都流行在正月十五这天挂花灯和观灯，所以这天也叫“灯节”。

花灯是一种兼具观赏性和装饰性的工艺品和玩具，大多用竹木或金属丝制成骨架，外面蒙着纸、布、绢，施加彩绘、雕刻、剪纸等工艺，花灯里面有燃油或蜡烛等，让花灯产生光亮，现代花灯里更多的是灯泡。

花灯起源于汉朝。当时有一种“常满灯”，灯上有七龙五凤，还

### 藏在玩具里的成语

**【火树银花】**

元宵夜赏灯的习俗，在唐宋时期发展到了高峰。在元宵节以及前后几天，城市中的宵禁取消，人们可以随意在外走动，满街、满城都是璀璨绚丽的花灯，男女老幼都出来赏灯游玩。很多唐诗宋词对花灯照亮的元宵夜有描述，唐朝诗人苏味道在《正月十五夜》一诗里写道：“火树银花合，星桥铁锁开。暗尘随马去，明月逐人来。”树上挂满了灯，犹如整棵树都着了火，而亮晃晃的灯笼就像树上开出的银花。人们觉得“火树银花”的描述十分贴切，于是它就成了一个固定的成语，用来形容绚丽灿烂的灯光或烟火。

现代的仿古鱼灯

有芙蓉莲藕等装饰，显然不是普通的照明灯，而是观赏游戏用的。南朝时期有一种“藕丝灯”，灯上蒙的布料非常纤细透薄，像用藕丝织成的，实际上是一种非常薄的丝锦。隋唐时期，开始出现在上元节（元宵节）放花灯的习俗。

## 青玉案·元夕（节选）

**[宋] 辛弃疾**

东风夜放花千树。更吹落、星如雨。

宝马雕车香满路。凤箫声动，玉壶光转，一夜鱼龙舞。

宋朝时的元宵夜更加繁华热闹，词人辛弃疾在《青玉案 · 元夕》中描述的“东风夜放花千树”“玉壶光转，一夜鱼龙舞”，让我们想象出各式各样璀璨的花灯。现在到了元宵夜，各地有很多人复原了古时候的鱼灯和龙灯，也许就是辛弃疾笔下的“鱼龙”吧！

明朝《明宪宗元宵行乐图》中货郎的货摊上挂着很多花灯。

宋朝时的元宵夜，最壮观的灯景是鳌（áo）山，用木头搭建出山形框架，花灯层层叠叠堆在架子上，等到点亮花灯时灯火通明、光彩炫目，仿佛是神仙居所。猜灯谜的元宵活动也源自宋朝。

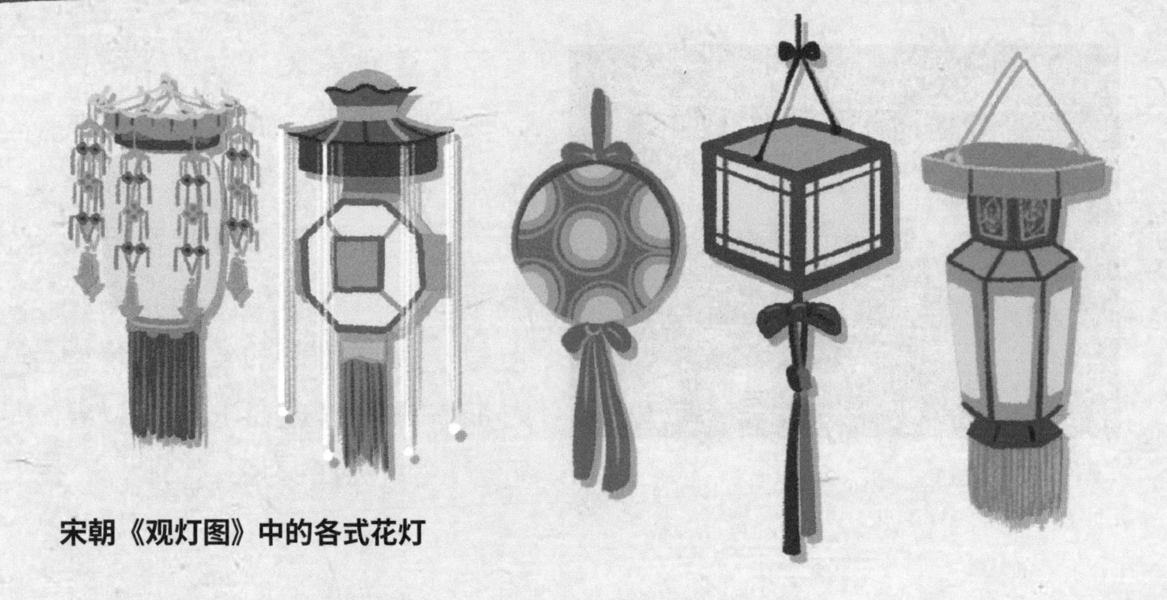

宋朝《观灯图》中的各式花灯

## 藏在玩具里的成语

**【州官放火】**

全句是“只许州官放火，不许百姓点灯”。相传宋朝有一个州官叫田登。古代人讲究避讳，他就不准州内百姓说与“登”同音的字。每年元宵节要放花灯，为了避免提到“灯”字，写告示的小官员只好用“火”代替，于是贴出的布告写着“本州依例放火三日”。人们都讥讽道：“只许州官放火，不许百姓点灯。”这个成语比喻有权势者可以为所欲为，而百姓的正当行动却受到限制。

观鳌山灯景是古人元宵节最重要的活动之一，从宋朝一直流行到了明清时期。明朝皇家的鳌山灯景高达13层，此外还有蟾蜍灯、兔子灯、竹马灯、滚灯、白象灯等各式花灯。

明清时期有一种羊角灯，透光性好，还不怕风吹灭，所以又叫“气死风”。羊角灯的制作工艺十分特殊，又薄又透又大的灯罩，居然是用小小的羊角造出来的。

明朝《南都繁会景物图卷》中的鳌山

除了羊角灯，孔明灯和走马灯也非常有特点。孔明灯是一种可以升空的花灯，应用了

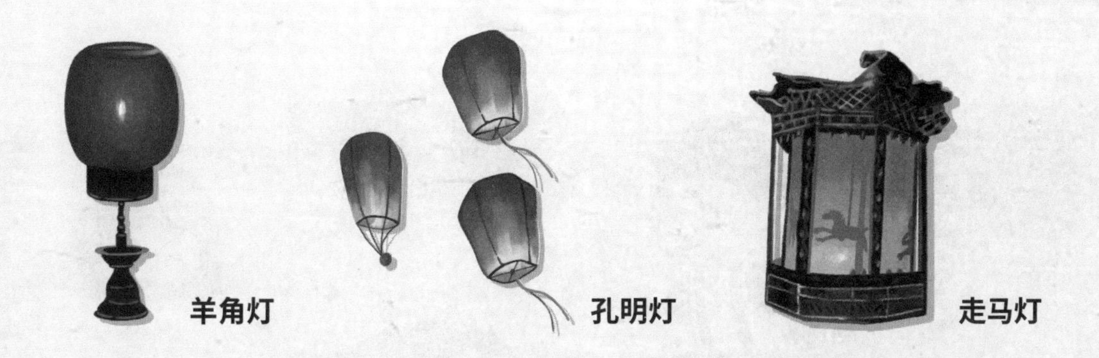


与热气球飞行相同的原理，灯内的空气被加热后膨胀，密度降低，灯从而升空。走马灯是一种能转动的花灯，也叫跑马灯，在灯罩内有可活动的剪纸，依靠灯火加热空气产生的气流来驱动，剪纸转动时就产生了动画的效果。孔明灯和走马灯里蕴含着科学原理，体现了古人的智慧。

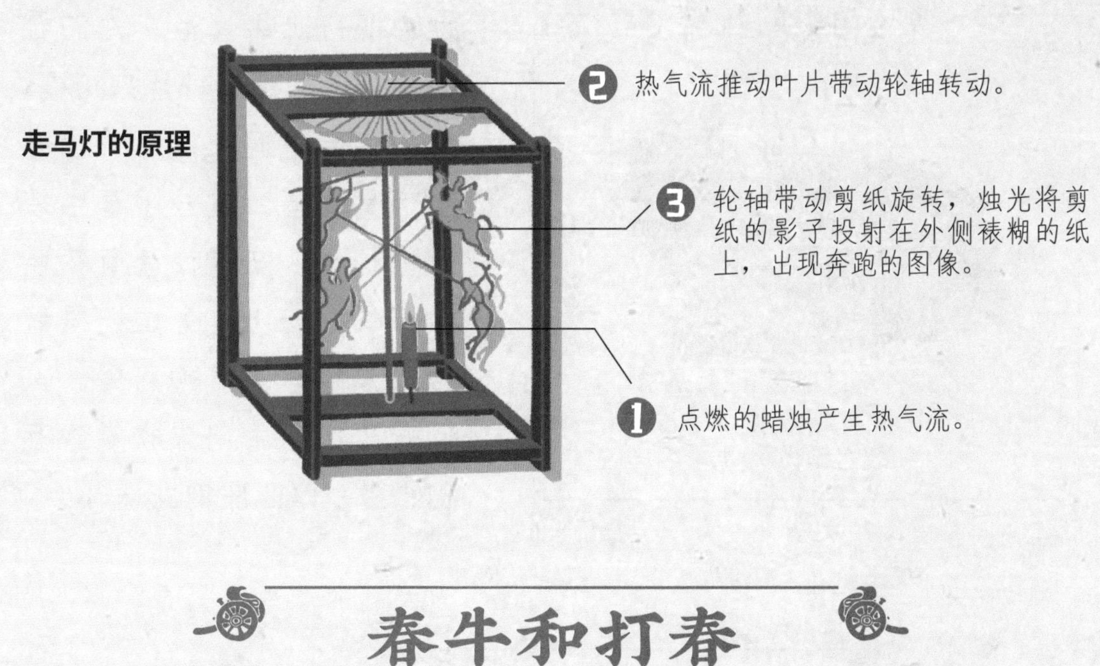

走马灯的原理
❷ 热气流推动叶片带动轮轴转动。
❸ 轮轴带动剪纸旋转，烛光将剪纸的影子投射在外侧裱糊的纸上，出现奔跑的图像。
❶ 点燃的蜡烛产生热气流。

## 春牛和打春

立春是二十四节气中的第一个节气，寓意着一年之始，在古人心中和春节同等重要。这一天的特色节令玩具是“春牛”。

“春牛”是土做的牛，源于周朝立春做土牛的习俗。汉朝时鞭打土牛以迎春的仪式已经非常流行，称为鞭春、打春。到了宋朝，这个

把牛当玩具？这也太大胆了吧！
搞错了，春牛不是真的牛！

**元朝陶牛**
故宫博物院藏

仪式变得更热闹、更有娱乐性。鞭打土牛之后，人们会争抢打碎的土牛碎片来祈福。这天也会有泥土捏制的小春牛玩具出售。这些小春牛装饰着花纹，安置在装有花色栏杆的栏座上，旁边还摆着百戏人物等，美观可爱。人们购买小春牛用来欣赏或互相赠送，以此庆祝立春。

## 端午节要驱毒

每年的农历五月初五是端午节，这一天天气炎热，人容易生病。古人认为这个时候各种毒虫开始出洞，于是端午节的习俗多半以“辟邪驱毒”为主题。古人的端午玩具也体现了这一特点，如在端午节佩戴香包、草编粽子，玩布老虎。

香包，也叫香囊、荷包，佩戴在身上，既是装饰品，也可以把玩，还有一定的实用性。香包内包裹驱毒药品，可以做成多种造型。有的香包还会特意做成“五毒”造型，寓意以毒攻毒、以恶镇恶、驱邪免灾。

端午节的龙舟也算玩具吧！
非要这么说也可以。不过这玩具是不是太大了？
博物馆中的玩具


明黄色缎地平金银彩绣五毒荷包
故宫博物院藏

## 原来如此

**五毒**

指蜈蚣、蛇、蝎子、壁虎和蟾蜍五种动物。古时候人们的生活环境跟大自然的距离比较近，就更容易受到这些动物的侵扰，而医疗条件也有限，因此对这些动物是又厌恶又害怕。古人认为端午节是毒虫出洞的时候，需要一些手段来驱除躲避。“五毒俱全”这个词泛指有各种坏习气、坏品行，跟“五毒”所指的五种动物已经没关系啦。

草编玩具就是用草编织而成的玩具，取材方便、类型多样。目前已知最早的草编玩具是唐朝的草编粽子。粽子是端午节的节令食品，在端午节给儿童佩戴草编粽子同样被认为可以辟邪。

布老虎样式丰富，有单头虎、双头虎、四头虎、子母虎等，寓意孩子像老虎一样勇敢强壮。同时虎也有食“五毒”、辟邪镇宅的寓意。传统布老虎以河南、河北、山东等地的最具特色。

用艾草编的草编粽子，散发着清香，也可以驱赶蚊虫吧！

博物馆中的玩具

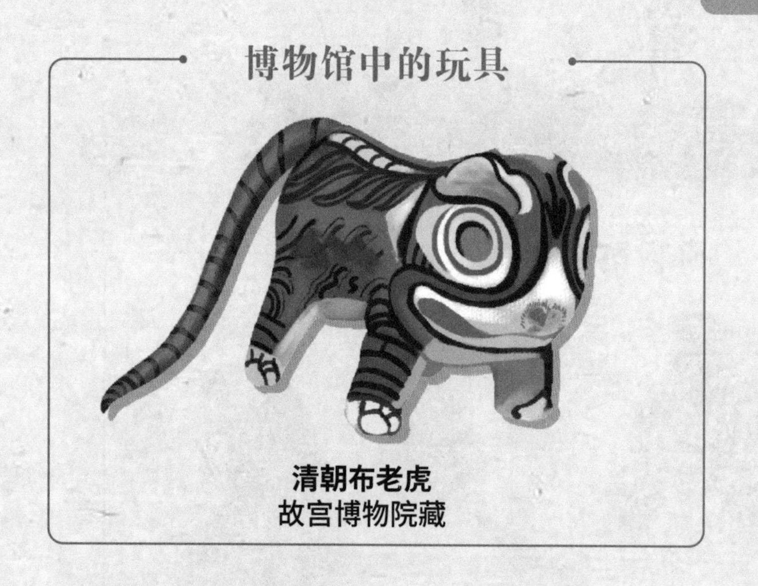

**清朝布老虎**
故宫博物院藏

## 七夕节的磨喝乐与水上浮

七夕节也叫乞巧节，日期在每年的农历七月初七。古代人们在这天玩游戏乞求心灵手巧，有些地方的女孩子会专门对着七夕晚上的月亮穿针引线。

磨喝乐是宋元时期在七夕节前后流行的泥玩具。磨喝乐是佛祖释迦牟尼的儿子的名字，是梵文的译音，也翻译成摩睺罗、魔合罗、摩侯罗，不知何故被宋人用来给玩具命名。磨喝乐是一种彩塑泥玩具，一般是一个眉开眼笑的小男孩形象，身穿不同衣服，被放置在有纱罩的小底座上。宋朝皇宫里的磨喝乐甚至还有用香木、象牙雕成的，还要用金玉珠翠打扮，就连纱罩都是五色镂金的。南宋时期，磨喝乐也被叫作巧儿，以苏州出产的最为精美。到了元明时期，磨喝乐名气太大，以至于一些地方的人们把所有的泥人都叫作“磨喝乐”。

磨喝乐

水上浮是另一种在宋朝流行的七夕玩具，是用蜡做成的，有鱼、龟、鸟等各种造型，涂有彩绘。由于蜡的密度比水低，因此这些小动物能漂浮在水面上，得名“水上浮”。

水上浮很像我们小时候的洗澡玩具呀！
不过古时候的水上浮不是橡胶做的，而是蜡做的。

## 中秋节的兔儿爷

兔儿爷是明清时期风靡于北京地区中秋节的节令玩具，是一种彩塑泥玩具，一般是兔头人身的武将形象。

在我国古代神话中，一直流传月亮上住着一只兔子。久而久之，在人们心中，兔子和月亮就联系在了一起。中秋节要祭月、赏月，兔子形象的玩具也成了中秋节的节令玩具。

在清朝，每逢中秋节前，就有很多小贩摆摊出售兔儿爷。这些兔儿爷有不同的造型，有的是骑着老虎、麒麟，有的身穿铠甲背后插旗，有的手持药杵，大大小小都有。后来还出现了可以活动的兔儿爷，能用线来牵动手臂和嘴巴。

清朝杨柳青年画中祭拜兔儿爷的孩子们

兔儿爷

## 原来如此

**人们从兔儿爷玩具引申出了很多歇后语，比如：**

兔儿爷的旗子——单挑：形容人单独承担事情。因为兔儿爷背后的旗子往往只有一边有。

隔年的兔儿爷——老陈人儿：指老相识。兔儿爷一般都是当年买新的，很少有隔年的。

兔儿爷翻跟头——窝犄角：形容遇到挫折。兔子的耳朵像是一对犄角，但是很软，一翻跟头肯定就窝了。

兔儿爷过河——自身难保：指自己保不住自己。泥捏的兔儿爷肯定不敢进水，不然就化成泥了。

兔儿爷洗澡——一摊泥：形容现状非常糟糕。

兔儿爷拍胸脯——没心没肺：形容心思粗疏。兔儿爷是泥做的，里面是空腔，所以是没心没肺。

兔儿爷打架——散摊子：形容团队或组织解散。兔儿爷一般都是单独的，能打架肯定是在卖兔儿爷的摊子上，它们一打架摊子就毁了。

# 冬至的《九九消寒图》

每年的十二月下旬，从冬至节气开始，北方的人们就开始数九了。很多人家利用《九九消寒图》数九。这是一种图画类的玩具，寄托着人们期盼寒冬快些度过、春天早点儿到来的心愿。

## 九九歌

**北方民谣**

一九二九不出手，
三九四九冰上走，
五九六九，沿河看柳，
七九河开，八九雁来，
九九加一九，耕牛遍地走。

数九的方法是从冬至开始数九天，然后重新开始再数九天，一共数完 9 个九天，春天就来了，就到了人们赶着耕牛去种地的时候。

《九九消寒图》有很多不同的类型，但基本都需要参与游戏的人每天动一次笔，或是填色，或是写一笔字，或是画一朵花，从冬至日开始，一共九九八十一天，写完画完，便冬去春来啦。

《九九消寒图》最早出现在元朝，画出 81 朵梅花，贴在窗户上，每天用胭脂将一朵梅花染色，直至数九结束。后来演变为在纸上画梅花，每天涂色的形式。

九九消寒图
试数窗间九九图余寒
消尽暖回初梅花点遍无
余日看到今朝是杏株
一九

明清时期，《九九消寒图》在民间广为流传，有专门设计、印刷和出售的商家。最简单的《九九消寒图》就画着 81 个圆圈，排列成 9 行，每行 9 个圆圈，每天涂抹一个圆圈。

清朝的人们在画《九九消寒图》时，还会根据当天的天气用不同颜色或点在不同的位置，这样《九九消寒图》就有了天气记录的实用功能。比如 81 个圆圈的《九九消寒图》，用笔点在圈的上方，表示当天是阴天，点下方是晴天，点左边是刮风天，点右边是下雨天，点中间是下雪天。

明清时期的皇宫里会在冬季专门制作一批《九九消寒图》，张贴在宫中各处。宫中的《九九消寒图》更加精美，主题则更接近文字游戏，常见的款式是图中有 9 个大字，如“亭前垂（垂）柳珍重待春風（风）”“春前庭柏風送香盈室”，每个字都是 9 画，共 81 画，每天填一画。

古人过什么节日都充满了仪式感，真好啊！
虽然也是玩，却玩得那么有文化！

除了节气和节日，古人在一年四季不同的季节，还会想出各种不同的方式从大自然中获得玩耍的快乐。春天采花、捉蝴蝶，夏天采莲、钓鱼、捕蝉，秋天捉促织、剥莲蓬，冬天玩冰、玩雪。贴近大自然的玩法，使自然界中的风物都成为浑然天成的玩具。

从一些古人的诗词当中，我们还可以窥见在娱乐项目不发达的时代，孩子们是如何与大自然做朋友，为自己找到乐趣的。

## 闲居初夏午睡起

[宋] 杨万里

梅子留酸软齿牙，芭蕉分绿与窗纱。

日长睡起无情思，闲看儿童捉柳花。

诗歌描写了初夏的日子，作者从午睡中醒来不知做什么好，漫无目的地看着儿童追逐空中飘飞的柳絮。此时这些柳絮就成了孩子的玩具，大自然的玩具如此简单，却又趣味无穷。

## 稚子弄冰

[宋] 杨万里

稚子金盆脱晓冰，彩丝穿取当银钲。

敲成玉磬穿林响，忽作玻璃碎地声。

人们夜里在铜盆中装满水，早晨起来一看已经结成了冰。小孩子把整盆冰取下，用彩线穿起来当锣敲，一开始声音清越，穿透树林，敲着敲着冰碎了，噼里啪啦落一地。

原来古代小伙伴也玩冰啊!
是啊，从古到今，童年的快乐总是那么相似!

# 历史放大镜答案

汉宫春晓图（局部）

货郎图（局部）

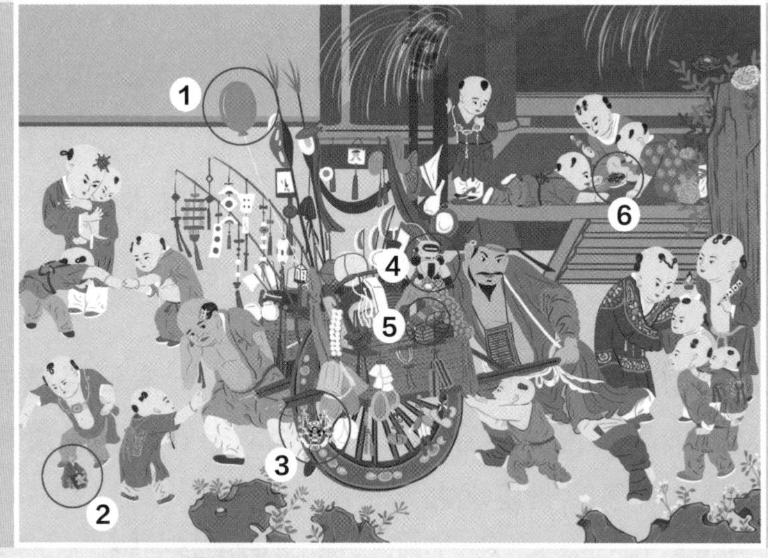


明宪宗元宵行乐图（局部）

1 这两位仕女玩的拼插积木，是到现代才出现的玩具。

2 风筝在宋朝以后才逐渐演变成民间的玩具，在汉朝的时候还很少见，并且很可能仅用于军事用途。

3 这两位仕女手拿球杆，在打高尔夫球，这在汉朝是没有的。

4 唐朝以后人们才喜欢上玩象棋，这几位仕女生活在汉朝，应该更喜欢玩围棋吧！

1 在今天，我们常在流动摊贩手里看到各种各样的气球，不过在宋朝可没有哦。

2 从这个泥人的样子来看，它是典型的天津泥人张的作品，到了清朝才会出现。

3 这是明清时期的陕西凤翔泥塑虎头挂件，出现在这里就错了。

4 5 机器人和小汽车，都是现代玩具，宋朝的时候没有。

6 铁皮弹跳小青蛙，是民国时期才有的玩具，宋朝的时候没有。

1 电动泡泡机，是今天的孩子们很喜欢的室外玩具，在明朝的时候是没有的。

2 图中人们提着的各种动物和人物灯笼，都是明朝时人们过元宵节用来娱乐的玩具，不过这个直升机形状的灯笼一定是搞错了，因为直升机 1939 年才被发明出来。

3 4 5 机器人、毛绒玩具小熊和小汽车，都是现代玩具，不会出现在明朝的货摊上。